北京课工场教育科技有限公司 出品

新技术技能人才培养系列教程

Web 全栈工程师系列

微信小程序
开发实战

肖睿 何源／主编

张劲勇 王延亮 贺宪权／副主编

人民邮电出版社

北 京

图书在版编目（CIP）数据

微信小程序开发实战 / 肖睿，何源主编. -- 北京：
人民邮电出版社，2020.4（2022.11重印）
新技术技能人才培养系列教程
ISBN 978-7-115-53387-6

Ⅰ．①微… Ⅱ．①肖… ②何… Ⅲ．①移动终端—应
用程序—程序设计—教材 Ⅳ．①TN929.53

中国版本图书馆CIP数据核字(2020)第014939号

内 容 提 要

　　微信小程序以一种极度轻量化、无处不在、用完即走的方式全面连接了用户与服务，在给用户带来更好体验的同时，大幅降低了自身开发的门槛和成本。本书不局限于原生微信小程序开发，还涉及微信生态技术圈中的 WePY 框架应用、微信小游戏开发、使用 Cocos Creator 开发小游戏等内容，是读者从微信小程序入门到实战开发的极佳读物。

　　本书实用性强、示例丰富、侧重实战、与新技术结合紧密，可作为刚接触或即将接触微信小程序的开发者的指导用书，也适合有微信小程序开发经验，但还需进一步提升自我能力的开发者使用。

◆ 主　编　肖　睿　何　源
　　副主编　张劲勇　王延亮　贺宪权
　　责任编辑　祝智敏
　　责任印制　王　郁　马振武

◆ 人民邮电出版社出版发行　北京市丰台区成寿寺路 11 号
　　邮编　100164　电子邮件　315@ptpress.com.cn
　　网址　http://www.ptpress.com.cn
　　山东华立印务有限公司印刷

◆ 开本：787×1092　1/16
　　印张：18　　　　　　　　2020 年 4 月第 1 版
　　字数：434 千字　　　　2022 年 11 月山东第 4 次印刷

定价：59.80 元

读者服务热线：(010)81055256　印装质量热线：(010)81055316
反盗版热线：(010)81055315
广告经营许可证：京东市监广登字 20170147 号

序 言

丛书设计背景

随着"互联网+"上升到国家战略，互联网行业与国民经济的联系越来越紧密，几乎所有行业的快速发展都离不开互联网行业的推动。随着软件技术的发展以及市场需求的变化，现代软件项目的开发越来越复杂，特别是受移动互联网影响，任何一个互联网项目中用到的技术，都涵盖了产品设计、UI 设计、前端、后端、数据库、移动客户端等各个方面。项目越大，参与的人越多，代表开发成本和沟通成本越高，为了降低成本，企业对全栈工程师这样的复合型人才越来越青睐。

目前，Web 全栈工程师已是重金难求。在这样的环境下，根据企业对人才的实际需求，课工场携手 BAT 一线资深全栈工程师一起设计开发了这套 "Web 全栈工程师系列"教材，旨在为读者提供一站式实战型的全栈应用开发学习指导，帮助读者踏上由入门到企业实战的 Web 全栈开发之旅！

丛书核心技术

"Web 全栈工程师系列"丛书以 JavaScript、Vue.js 框架、微信小程序、Django 框架等技术为核心，从前端开发到后端开发，旨在打造一站式实战型的全栈应用开发型人才。

❖ 使用 HTML5、CSS3 等完成前端静态页面的制作；
❖ 使用原生 JavaScript 及 jQuery 框架赋予前端项目炫酷的动态效果；
❖ 使用 Bootstrap 框架及移动 Web 开发技术实现响应式及移动端开发；
❖ 使用 Vue.js 框架技术开发企业级大型项目；
❖ 使用微信小程序生态圈技术完成微信小程序及微信小游戏开发；
❖ 使用 Django 2.0 框架完成 Python Web 商业项目实战。

丛书特点

1．以企业需求为设计导向

满足企业对人才的技能需求是本丛书的核心设计原则，为此，课工场全栈开发教研团队通过对数百位 BAT 一线技术专家进行访谈、对上千家企业人力资源情况进行调研、对上万个企业招聘岗位进行需求分析，实现了对技术的准确定位，达到了课程与企业需求的强契合度。

2．以任务驱动为讲解方式

丛书中的知识点和技能点都以任务驱动的方式讲解，使读者在学习知识时不仅可以知其然，而且可以知其所以然，帮助读者融会贯通、举一反三。

3．以边学边练为训练思路

本丛书提出了边学边练的训练思路：在有限的时间内，读者能合理地将知识点和练习融合，在边学边练的过程中，对每个知识点做到深刻理解，并能灵活运用，固化知识。

4．以"互联网+"实现终身学习

本丛书可配合使用课工场 App 进行二维码扫描，观看配套视频的理论讲解、PDF文档，以及项目案例的炫酷效果展示。同时，课工场在线开辟教材配套版块，提供案例代码及作业素材下载。此外，课工场也为读者提供了体系化的学习路径、丰富的在线学习资源以及活跃的学习交流社区，欢迎广大读者进入学习。

读者对象

（1）大中专院校学生。

（2）编程爱好者。

（3）初、中级程序开发人员。

（4）相关培训机构的教师和学员。

读者服务

读者可以扫描二维码访问课工场在线的系列课程和免费资源，如果学习过程中有任何疑问，也欢迎发送邮件到 ke@kgc.cn，我们的课代表将竭诚为您服务。

课工场在线

感谢您阅读本丛书，希望本丛书能成为您踏上全栈开发之旅的好伙伴！

"Web 全栈工程师系列"丛书编委会

前　言

本书的写作背景

微信小程序是微信团队在 2017 年 1 月 9 日正式发布的，它可以实现 App 软件的原生交互操作效果，但是不像 App 软件那样需要下载安装包并安装后才能使用。微信小程序只需要用户扫一扫或者搜一下就可以使用，不仅符合用户的使用习惯，还释放了用户手机的内存空间，同时给企业提供了宣传产品的渠道。企业创建微信小程序后就可以让更多用户搜到自己的产品，进而达到宣传自己产品的目的。微信小程序的快速发展，为人们提供了很多就业机会。除微信小程序外，本书还涉及微信小游戏开发等内容，旨在让读者掌握更多的微信生态圈技术。

微信小程序开发实战学习路线图

为了帮助读者快速了解本书的知识结构，编者整理了本书的学习路线图，如下所示。

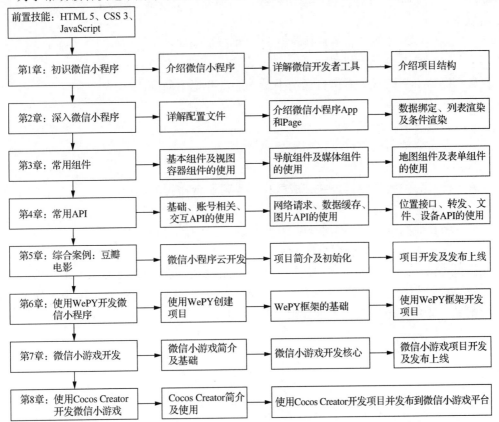

本书特色

❖ 广泛涉及微信生态圈技术

以原生的微信小程序技术为根基；

使用 WePY 框架帮读者快速开发小程序；

学习并使用原生微信小游戏技术开发微信小游戏；

使用 Cocos Creator 快速开发微信小游戏。

❖ 丰富多样的教学资料

配套素材及示例代码；

每章课后作业及答案；

重难点内容视频讲解。

❖ 随时可测学习成果

每章提供"本章技能目标"及"本章知识梳理"，助力读者确定学习要点；

课后作业辅助读者巩固阶段性学习内容；

课工场题库助力在线测试。

学习方法

本书是一本实战型较强的小程序开发教材。读者学习本书时，如果能够掌握科学的学习方法，则可以提高自己的学习效率。下面介绍一些学习方法。

课前：

➢ 浏览预习作业，带着问题读教材，并记录疑问；

➢ 即使看不懂，也要坚持看完；

➢ 提前将下一章的示例自己动手做一遍，并记下问题。

课上：

➢ 认真听讲，做好笔记；

➢ 一定要动手做上机练习和实战案例。

课后：

➢ 及时总结所学内容，并完成教材和学习平台布置的作业；

➢ 多模仿，多练习；

➢ 和其他同学结成小组学习，互相交流遇到的问题和学习心得；

➢ 学会阅读文档、查阅资料。

本书由课工场全栈开发教研团队组织编写，参与编写的还有何源、张劲勇、王延亮、贺宪权等院校老师。尽管编者在写作过程中力求准确、完善，但书中不妥之处仍在所难免，殷切希望广大读者批评指正！

关于引用作品的版权声明

智慧教材使用方法

由课工场"大数据、云计算、全栈开发、互联网 UI 设计、互联网营销"等教研团队编写的系列教材，配合课工场 App 及在线平台的技术内容更新快、教学内容丰富、教学服务反馈及时等特点，结合二维码、在线社区、教材平台等多种信息化资源获取方式，形成独特的"互联网+"形态——智慧教材。

扫一扫查看
视频介绍

智慧教材为读者提供专业的学习路径规划和引导，读者还可体验在线视频学习指导，按如下步骤操作可以获取案例代码、作业素材及答案、项目源码、技术文档等教材配套资源。

1．下载并安装课工场 App

（1）方式一：访问网址 www.ekgc.cn/app，根据手机系统选择对应课工场 App 安装，如图 1 所示。

图1　课工场App

（2）方式二：在手机应用商店中搜索"课工场"，下载并安装对应 App，如图 2 和图 3 所示。

2．获取教材配套资源

登录课工场 App，注册个人账号，使用课工场 App 扫描书中的二维码，获取教材配套资源，依照图 4～图 6 所示的步骤操作即可。

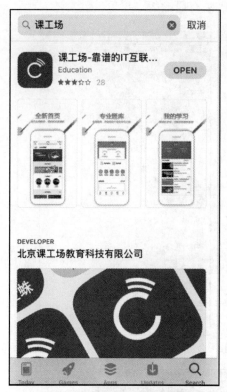

图2　iPhone版手机应用下载

图3　Android版手机应用下载

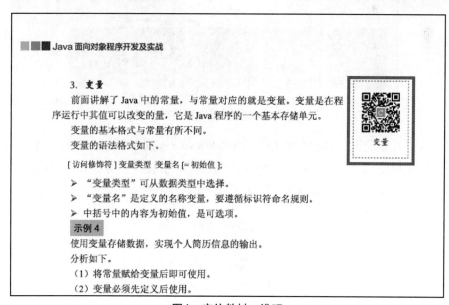

图4　定位教材二维码

3. 获取专属的定制化扩展资源

（1）普通读者请访问 http://www.ekgc.cn/bbs 的"教材专区"版块，获取教材所需开发工具、教材中示例素材及代码、上机练习素材及源码、作业素材及参考答案、项目素材及参考答案等资源（注：图 7 所示网站会根据需求有所改版，这里仅供参考）。

图5　使用课工场App"扫一扫"扫描二维码　　　图6　使用课工场App免费观看教材配套视频

图7　从社区获取教材资源

（2）高校教师请添加高校服务 QQ 号 1934786863（图 8），获取教材所需开发工具、教材中示例素材及代码、上机练习素材及源码、作业素材及参考答案、项目素材及参考答案、教材配套及扩展 PPT、PPT 配套素材及代码、教材配套线上视频等资源。

图8　高校服务QQ

目　录

第3章　常用组件　55

第 1 章

初识微信小程序

本章技能目标

➢ 了解微信小程序的发展历程和应用场景。

➢ 掌握微信小程序的注册流程。

➢ 熟悉微信小程序的目录结构。

➢ 掌握微信小程序开发工具的使用方法。

本章知识梳理

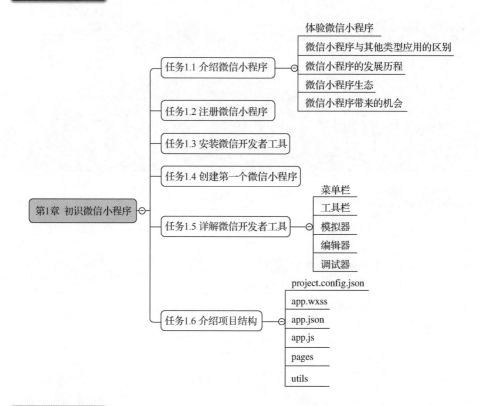

本章简介

2017 年 1 月 9 日，微信小程序正式发布，同时也诞生了一个全新的互联网生态。传统企业需要记住，一场传统企业互联网转型的浪潮即将开始。

作为场景链接工具的 App、移动网站和公众号等都无法彻底满足创业者低成本和体验好的双重需求，而微信小程序是一种不需要下载并安装即可使用的应用，用户扫一扫或搜一下相应的名称即可打开应用。

基于微信的生态，微信小程序完全可以实现低成本开发和低成本推广。微信小程序的"低门槛"使传统企业转型升级的难度降低了很多，同时，对于有创意、有产品服务提供能力却缺乏资金和技术支持的创业者而言，实现自己想法的难度也大幅降低了。那么，它经历了哪些发展过程，和其他形式的 App 有什么区别，有哪些应用场景以及创造的机会有哪些？本章将对上述问题进行一一讲解；同时，还会带领大家注册一个微信小程序账号，了解微信小程序项目的目录结构，学习微信开发者工具的使用方法，使读者能够快速进入微信小程序开发的世界。

预习作业

（1）简述微信小程序账号、订阅号、服务号、企业号的区别。

（2）如何创建微信小程序项目？

（3）如何发布微信小程序项目？

任务 1.1 介绍微信小程序

微信小程序（mini program）简称小程序，是一种运行在微信内、不需要下载安装即可使用的应用，使用户实现了"触手可及"的梦想，即扫一扫或者搜一下就能打开应用。同时，微信小程序也体现了"用完即走"的理念，使得用户不用关心是否安装太多应用的问题。应用将无处不在，随时可用，而且无须安装、卸载。对于开发者而言，微信小程序的开发门槛相对较低，难度不及 App，能够实现简单的应用功能，可作为生活服务类线下商铺以及非刚需低频应用的转换目标。微信小程序能够实现消息通知、线下扫码、公众号关联等七大功能。通过关联公众号，用户可以实现在公众号与微信小程序之间跳转。

1.1.1 体验微信小程序

在微信"发现"页，可以看到微信小程序入口，如图 1.1 所示。

如果看不到，可以使用微信扫一扫，扫描图 1.2 所示的微信小程序码，打开微信小程序，同时开通微信小程序入口。

图1.1　微信小程序入口

图1.2　微信小程序码

1.1.2 微信小程序与其他类型应用的区别

微信小程序是一种只能运行在微信中的应用，和 HTML 5 应用、原生 App 等都不一样。

1. 微信小程序的特点

（1）无须下载安装，无须注册，用完即走，不占用手机内存。

（2）跨平台，一套微信小程序代码可以同时运行在安卓和 iOS 平台，开发成本比原生 App 低。

（3）打开速度比 HTML 5 应用快，用户体验接近原生 App。

（4）安卓手机可以直接将微信小程序添加到手机桌面，看上去和 App 差不多。

（5）可以分享给好友和群，比原生 App 易于传播。

（6）开发完成后可直接提交微信公众平台进行审核，审核周期短。

（7）微信对小程序大小有限制，不方便实现功能要求较复杂的项目。

（8）为了防止用户被骚扰，微信小程序不能主动推送消息给用户。

2. 原生 App 的特点

（1）可以实现各种复杂的功能，页面流畅，用户体验最好。

（2）可以给用户推送消息。

（3）安装于手机内存，一直占用内存空间，数量过多可能会导致内存不足。

（4）需要适配各种型号的手机，开发成本高。

（5）开发完成后需要提交到很多应用平台进行审核，手续烦琐，且审核周期长。

（6）获取新用户的成本高，用户手机上常用的 App 只有十几个，想让用户在手机上安一个新的 App 很难。

（7）迭代更新不方便，用户使用版本不一，无法及时把新功能覆盖到每个用户。

3. HTML 5 应用的特点

（1）成本比原生 App 低，但是比微信小程序高。

（2）大小受限，可以实现复杂的功能，但是无法像微信小程序一样通过微信连接到手机的应用程序接口（Application Programming Interface，API）。

（3）不确定入口，需要用户在浏览器中搜索或通过链接进入。

（4）更新速度较快。发布新版本后，只要更新服务器就可以，不需要再次审核。

（5）适配和兼容各种浏览器。

1.1.3 微信小程序的发展历程

微信小程序的发展经过了以下历程。

2016 年 1 月 11 日，微信之父张小龙提出了"微信小程序"这一概念。

2016 年 9 月 21 日，微信小程序正式开启内测。

2017 年 1 月 9 日，第一批微信小程序正式上线。

2017 年 2 月 1 日，微信开放微信搜索，在微信搜索结果内可以直接展示微信小程序。

2017 年 3 月 27 日，微信官方宣传支持个人注册，有开发能力的个人可以申请注册并开发微信小程序。

2017 年 4 月 18 日，微信小程序推出全新微信小程序码。

2017 年 5 月 10 日，开放"附近的微信小程序"搜索功能。

2017 年 12 月 28 日，开放微信小游戏，小游戏"跳一跳"成为爆款游戏。

2018 年 3 月 23 日，游戏类微信小程序开放测试，开发者可开发和调试微信小游戏；同时，对小游戏开放微信社交关系链和虚拟支付功能。

2018 年 6 月 15 日，微信小程序分包加载能力升级，微信小程序或小游戏代码包大小的总上限可提升至 8MB。运维中心新增性能监控功能，帮助开发者了解并优化微信小程序加载性能。

1.1.4　微信小程序生态

微信小程序正式上线以来，经过多年的发展，已经形成较为完整的生态。下面分别从后端即服务（Backend as a Service，BaaS）、第三方服务、分析工具、开发环境、投资机构、媒体、应用商店、微信小程序运营者这 8 个类别中了解微信小程序目前的生态环境。

1. BaaS

随着微信小程序生态圈的繁荣，BaaS 受到人们的高度重视，目前可选择的服务除了像 LeanCloud、腾讯云这类成熟的云服务公司外，还有一部分创业公司，如野狗云、程序云、知晓云等。

2. 第三方服务

第三方服务分为开发服务和模板服务。在开发服务中，第三方厂商扮演着外包服务商的角色，他们为希望拥有微信小程序的人或厂商提供定制化的开发服务，同时也提供种类繁多的微信小程序模版，这一市场中有腾讯云、即速应用、微尘等。在模版服务中，微信小程序运营者只要授权给第三方使用某个模版，其即可迅速生成一个与该模版类似的微信小程序。这些模版往往已经被用于生成某些类别的微信小程序，它们在设计和功能上也更出色，尤其是电商类和资讯类。代表厂商包括："小小文章""SEE 小店铺""有赞商城""轻芒小程序+"等。

3. 分析工具

与 PC 互联网时代的流量统计、广告联盟以及移动互联网时代的流量统计和应用性能管理平台类似，分析工具可以对微信小程序进行全面检测。此类工具有阿拉丁、GrowingIO、HotApp、TalkingData 以及微信官方的微信小程序数据助手等。

4. 开发环境

目前，很多优秀的开发者将项目组件进行了开源，使得开发者无须重复开发基础组件。与 PC/移动互联网的开源生态类似，开源极大地推动了行业的发展。目前有 UI 组件、服务器、开发框架、实用库、开发工具等开源项目，如图 1.3 所示。

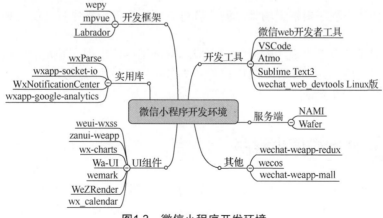

图1.3　微信小程序开发环境

5．投资机构

主流投资机构都在密切关注微信小程序领域，包括 IDG 资本、经纬中国、真格基金、君联资本等知名机构。一些优秀的微信小程序项目也获得了投资者的青睐。

6．媒体

围绕微信小程序产生的媒体比较繁荣，其中，"知晓程序"是较早开始关注这一领域的媒体之一。目前，大部分媒体都围绕微信小程序的推荐和资讯展开工作，也不乏存在"可能吧"这种深入解读与分析微信小程序生态和微信小程序产业的个人公众号。

7．应用商店

应用商店是微信小程序生态中竞争较激烈的一个市场，目前做得较大的应用商店已不少于 10 家。除了入局较早的"知晓程序"外，还包括"小推荐""第九程序""小程序管家""91ud 小程序商店"等。

8．微信小程序运营者

微信小程序运营者的整体格局与移动互联网初期的类似，依然包括互联网公司、创业集团和传统行业，与之不同的是，在传统行业中，线下行业的比重有所增加，相信这批人未来会是微信小程序的重要用户。

1.1.5　微信小程序带来的机会

微信公众号、服务号的定位偏向于传媒、内容，而微信小程序更多地偏向于基于商业场景的服务，这会给相关的商家以及创业者提供良好的机遇。那么，微信小程序带来了哪些新机遇？

第一，微信小程序的成本较低，对创业者有利。微信小程序解决了客户端操作设备兼容的问题，不用分别雇用 iOS、安卓系统的工程师，极大地降低了开发成本。微信小程序具备了原生 App 的大部分功能，同时集成了身份验证、支付、分享传播这三大功能。

第二，微信小程序适用于低频、重服务的领域。微信小程序主要是针对线下流量的转化设计的，能够为线下的场景或者服务提供一个便捷的连接工具，对于低频应用效果更好。

第三，微信小程序根植于场景。创业者可以利用微信小程序打造线上和线下深度融合的场景。

第四，对于开发者来说，较低的学习成本降低了微信小程序开发的门槛。目前，微信小程序开发已经成为一个独立的岗位，各大公司对微信小程序开发人员需求巨大，给他们开出了较高的薪资。

任务1.2　注册微信小程序

下面开始微信小程序开发的学习，首先注册一个微信小程序的账号。在百度搜索"微信公众平台"，进入公众平台官网，单击右上角的"立即注册"，打开微信小程序注册页面，按要求填写注册表单，如图 1.4 所示。

微信公众平台 | 小程序
文档
社区
小程序注册
① 账号信息 --- ② 邮箱激活 --- ③ 信息登记
每个邮箱仅能申请一个小程序
已有微信小程序？立即登录
邮箱
作为登录账号，请填写未被微信公众平台注册，未被微信开放平台注册，未被个人微信号绑定的邮箱
密码
字母、数字或者英文符号，最短8位，区分大小写
确认密码
请再次输入密码

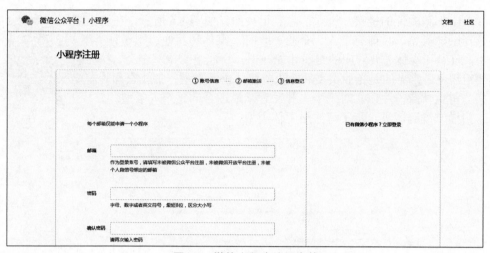

图1.4　微信小程序注册表单

注意

注册微信小程序用的邮箱不能是之前注册过公众平台的其他账号，如订阅号、服务号和微信小程序。

登录注册用的邮箱，激活账号，如图 1.5 所示。

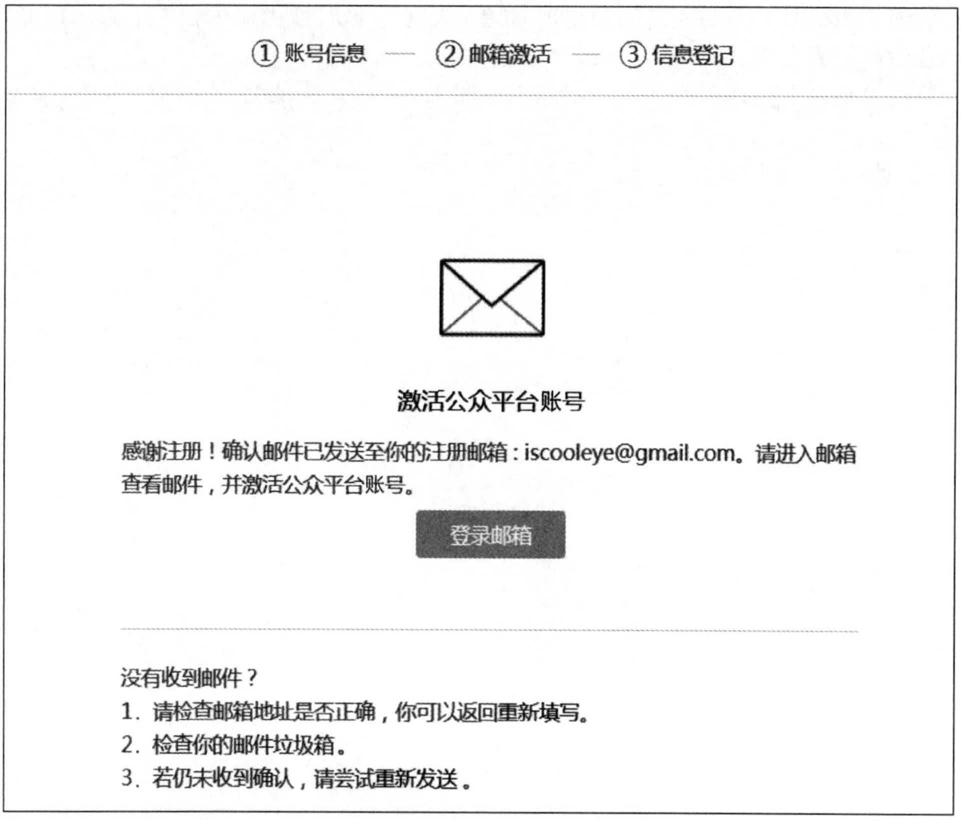

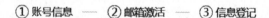

① 账号信息 —— ② 邮箱激活 —— ③ 信息登记
激活公众平台账号
感谢注册！确认邮件已发送至你的注册邮箱：iscooleye@gmail.com。请进入邮箱查看邮件，并激活公众平台账号。
登录邮箱
没有收到邮件？
1. 请检查邮箱地址是否正确，你可以返回重新填写。
2. 检查你的邮件垃圾箱。
3. 若仍未收到确认，请尝试重新发送。

图1.5　登录邮箱激活账号

单击邮箱验证的链接，进入信息登记页面。如图1.6所示，在这里需要选择主体类型。目前有个人、企业、政府、媒体和其他组织5种类型。其中，政府和媒体需要对应的组织才能注册，其他组织指基金会、社会团体等组织，最常见的是企业类型和个人类型。企业类型一般指公司，需要以某公司主体身份注册。对于个人开发者，最适合的是个人类型。

扫描二维码，进一步了解注册主体类型。

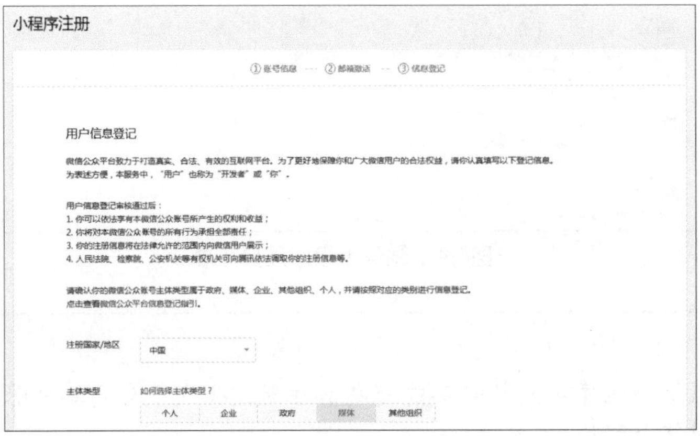

注册主体类型

图1.6　选择主体类型

选择个人标签，之后会显示主体信息登记表单。按要求填写身份证姓名、身份证号码、管理员手机号，填写完之后会出现管理员验证，这时使用微信扫描下方出现的二维码，之后在手机上确认，即可完成管理员的绑定。

单击"继续"按钮，确认主体信息，如图1.7所示，完成微信小程序的账号注册。

图1.7　主体信息登记

任务 1.3 安装微信开发者工具

为了方便开发者开发和调试微信小程序，微信推出了开发者工具。

（1）打开微信开发者工具下载页面，根据自己的操作系统下载对应版本的开发者工具。

说明

为避免因软件版本而造成的问题，本书中的案例统一使用版本：1.02.1812180。

（2）下载完成后，安装开发者工具，按照提示完成安装，之后单击在桌面生成的"微信 Web 开发者工具"快捷方式，开始启动。

（3）使用绑定管理员的微信扫描二维码，如图 1.8 所示，并在微信端确认，登录开发者工具。

图1.8 启动微信开发者工具

（4）登录成功后，可以看到开发者工具提供了"小程序项目"和"公众号网页项目"两种类型，如图 1.9 所示。

图1.9　项目类型

任务 1.4　创建第一个微信小程序

具体步骤如下。

（1）单击管理项目右侧的加号，进入微信小程序创建界面，如图 1.10 和图 1.11 所示。

图1.10　项目管理

图1.11 项目创建

（2）创建一个文件夹并命名为 helloworld，单击项目目录后的输入框，选择刚刚创建的文件夹。

（3）登录微信公众平台，选择设置→开发设置，获取 AppID，如图 1.12 所示。

图1.12 获取AppID

填入 AppID、项目名称，然后选择"建立普通快速启动模板"。单击"确定"按钮，进入开发者工具编辑器界面，如图 1.13 所示。

图1.13　编辑器界面

提示

　　如果没有 AppID，可以使用测试号，单击蓝字"小程序"会自动填入一个测试 AppID。

　　选择普通快速启动模板，会创建一个具有简单功能的项目，通过这个项目可以帮助我们快速熟悉微信小程序项目结构。如果不勾选，则会创建一个空白的项目，项目目录结构需要自己创建。

任务 1.5　详解微信开发者工具

　　微信开发者工具界面分为菜单栏、工具栏、模拟器、编辑器和调试器 5 个部分，如图 1.14 所示。

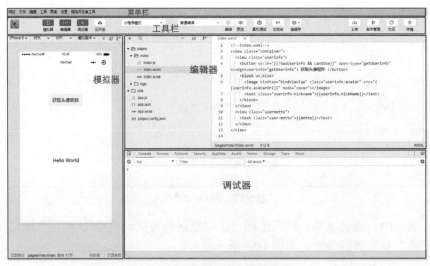

图1.14　微信开发者工具界面

1.5.1　菜单栏

菜单栏下有项目、文件、编辑、工具、界面、设置和微信开
发者工具 7 个菜单项。

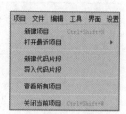

图1.15　项目菜单

（1）"项目"菜单项中的各项可对项目进行管理，包括新建项
目、打开最近项目、查看所有项目等。如果需要关闭当前项目，
打开其他项目，单击最后一项"关闭当前项目"，就会把当前项目
关闭，显示项目管理界面，如图 1.15 所示。

单击打开最近项目或者通过查看项目，进入项目管理界面。可以实现"双开"，
也就是同时打开两个项目。

（2）菜单栏其他几项都有对应的组合键，总结如表 1.1 所示。

表 1.1　微信小程序开发常用组合键

描述	按键组合
项目	
新建项目	Ctrl+Shift+N
关闭当前项目	Ctrl+Shift+W
文件	
新建文件	Ctrl+N
保存文件	Ctrl+S
保存所有文件	Ctrl+Shift+S
关闭当前文件	Ctrl+W
编辑	
左缩进	Ctrl+[
右缩进	Ctrl+]
格式化代码	Alt+Shift+F
代码上移一行	Alt+向上箭头
代码下移一行	Alt+向下箭头
复制并向上粘贴	Atl+Shift+向上箭头
复制并向下粘贴	Alt+Shift+向下箭头
跳转到文件	Ctrl+P
跳转到最近文件	Ctrl+E
上一个编辑器	Alt+Ctrl+向左箭头
下一个编辑器	Alt+Ctrl+向右箭头
搜索	Ctrl+F
全局搜索	Ctrl+Shift+F
替换	Ctrl+Shift+E

续表

描述	按键组合
工具	
编译	Ctrl+B
刷新	Ctrl+R
预览	Ctrl+Shift+P
上传	Ctrl+Shift+U
界面	
工具栏	Ctrl+Shift+T
模拟器	Ctrl+Shift+D
编辑器	Ctrl+Shift+E
目录树	Ctrl+Shift+M
调试器	Ctrl+Shift+I
其他	
外观设置	Ctrl+逗号
退出	Ctrl+Q

1.5.2　工具栏

（1）单击工具栏中的 3 个绿色按钮，可以分别实现隐藏/显示模拟器、编辑器和调试器。还有一个"云开发"按钮，可以打开云开发控制台。云开发是微信新推出的功能，会在后面章节讲到。

（2）单击"预览"按钮，弹出预览二维码。使用绑定了管理员或开发者的微信扫描二维码，可以在手机上预览微信小程序，如图 1.16 所示。也可以选择自动预览，在登录了开发者工具的微信上自动打开当前微信小程序。

图1.16　扫描二维码预览

（3）真机调试。单击真机调试后，扫描二维码，会在微信上显示图 1.17，开发者工具则打开调试窗口，如图 1.18 所示，在调试窗口就可以对项目进行调试了。

图1.17　真机调试

图1.18　调试窗口

（4）上传代码。在弹出的新窗口中填入版本号、项目备注，最后单击"上传"按钮，完成代码的上传，如图 1.19 和图 1.20 所示。

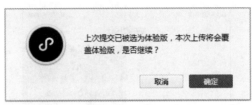

图1.19　上传代码

图1.20　代码版本和备注

版本号的格式一般是 v 主版本号.次版本号.修订号，如 v1.2.3
- 主版本号：0 表示正在开发阶段；
- 次版本号：增加新的功能时增加；
- 修订号：只要有改动，就增加。

也有 4 位版本号的，最后一位是日期版本号。不同公司的版本号不完全一致，选择一个适合本公司项目的版本号就可以了。

（5）代码上传成功之后，登录微信公众平台，单击"开发管理"，可以看到提交的版本。目前可以看到有一个开发版，如图 1.21 所示。

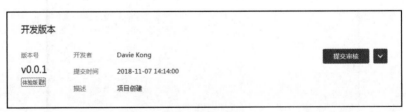

图1.21　开发版

单击最右侧的箭头，选择"选为体验版本"，如图 1.22 所示，在弹出的设置窗口中选择默认，会把 index 页面设置为入口页面，之后单击"提交审核"按钮。

图1.22　选为体验版本

说明

为什么设置体验版本?

在开发者工具里扫描的二维码有时效性,只有 25 分钟,超时失效。如果想长时间体验,可以使用体验版本。

（6）版本管理。微信开发者工具支持使用 Git 进行版本管理。单击"版本管理"按钮,打开管理界面,首次需要初始化 Git 仓库,如图 1.23 所示。

对 Git 不太了解的同学,可以扫描下面的二维码,进一步学习 Git。

（7）微信社区。微信有一个非常活跃的社区,供开发者交流,读者可以单击"社区"按钮进入。在学习过程中,有任何问题都可以在社区中和其他开发者交流,也可以了解微信小程序最新的进展。

Git入门

（8）在管理界面单击"详情"按钮,显示如图 1.24 所示。

图1.23　初始化Git仓库

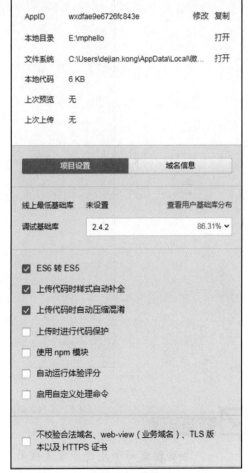

图1.24　详情

在这里可以查看项目的 AppID、存放目录、项目大小、上传时间等。在项目设置里,设置调试基础库为 2.4.2,这也是本书编写时最新的和使用人数最多的版本了。

注意

　　读者需要将版本号设置为和本书一致，以防之后的学习出现因版本不一致而导致的问题。

　　本书案例使用的基础库版本为 v2.4.2。

1.5.3　模拟器

　　微信开发者工具使用 NW.js 开发，提供了一个和 chrome 浏览器类似的模拟器，选择不同的手机预览，方便屏幕适配，如图 1.25 所示。

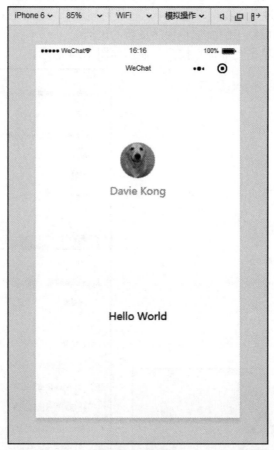

图1.25　模拟器

 知识扩展

　　NW.js 是一个允许开发者使用 HTML、CSS 和 JavaScript 开发跨平台桌面应用的框架，支持 Node.js 所有 API 及第三方模块，可以使用 DOM 直接调用 Node.js 模块。

1.5.4 编辑器

开发者工具的中间和右侧就是代码编辑器。其中，左侧是目录树，在此可以看到所有的文件，如图 1.26 所示。

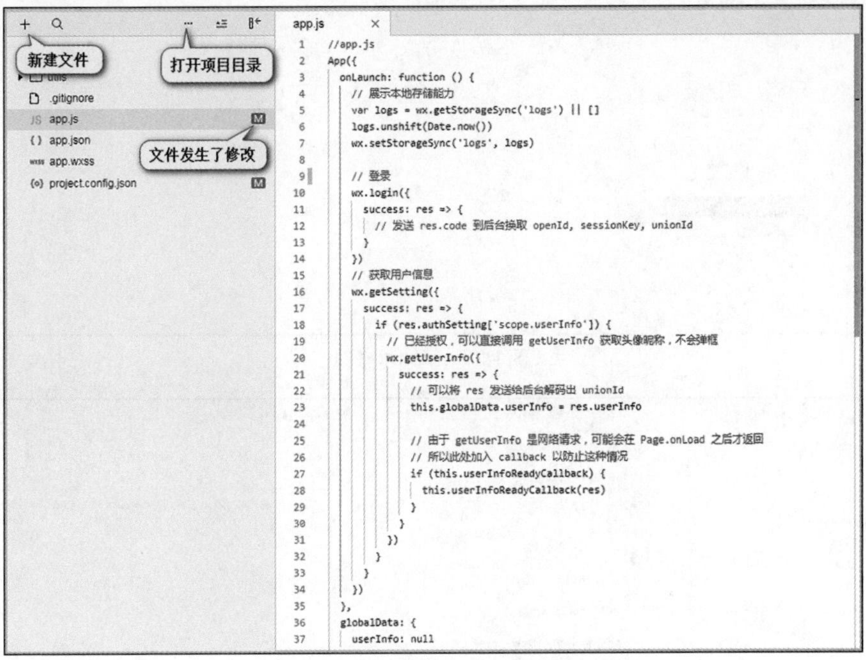

图1.26 代码编辑器

单击左上角的+，可以新建文件；单击…，可以在计算机中打开项目目录，省去查找麻烦。如果使用了 Git 做项目版本管理，那么一旦有文件修改了，在目录树中可以看到改动的文件之后有一个 M 图标，这样就可以很方便地识别出哪些文件改动了。确认改动没有问题，可使用 Git 提交到分支上。

1.5.5 调试器

调试工具分为 7 大功能模块：Wxml、Sources、AppData、Network、Storage、Console、Sensor。

（1）Wxml 窗口用于帮助开发者调试 Wxml 转化后的界面。在这里可以看到真实的页面结构以及对应的 wxss 属性，同时可以修改对应的 wxss 属性。单击左上角的 图标可以很方便地找到页面元素对应的代码。在右侧的 Styles 面板中，可以修改元素的样式，效果会马上显示在模拟器中，如图 1.27 所示。

（2）在 Sources 窗口中，可以看到项目运行的脚本，开发者看到的文件是经过处理之后的文件。如果要调试某个脚本，选中要调试的文件，在要查看的那一行的行号上单击，出现一个蓝色的箭头，重新单击工具栏中的"编译"按钮，项目就会重新运行。当代码运行到断点这一行停下来，查看变量值，如图 1.28 所示。

（3）AppData 窗口用于显示当前项目运行时微信小程序 AppData 的具体数据，实时地反映项目数据情况，可以在此处编辑数据，并及时反馈到界面上，如图 1.29 所示。

图1.27　Wxml窗口

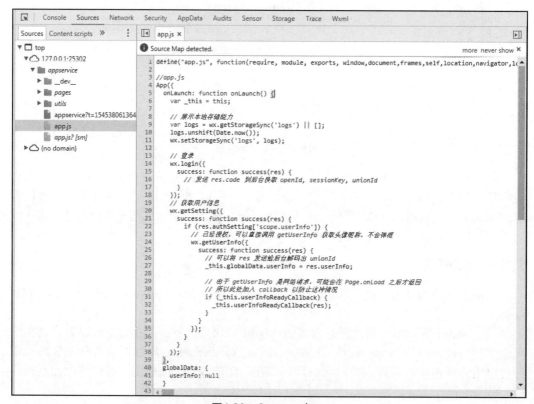

图1.28　Sources窗口

（4）Storage 窗口用于显示当前项目本地存储的数据。可使用 wx.setStorage 保存数据或者使用 wx.getStorage 获取数据。可以直接在 Storage 窗口上对数据进行删除（按 Delete 键）、新增、修改，如图 1.30 所示。

（5）Network 窗口用于观察和显示 request 和 socket 的请求情况，如图 1.31 所示。

（6）Console 窗口用于显示微信小程序的调试信息，有 4 个级别，分别是 Verbose（长消息）、Info（消息）、Warnings（警告）和 Errors（错误），如图 1.32 所示。

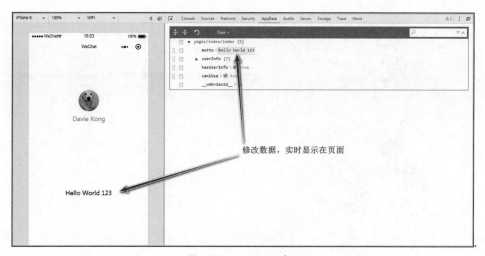

图1.29　AppData窗口

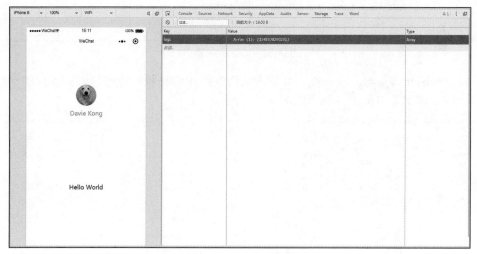

图1.30　Storage窗口

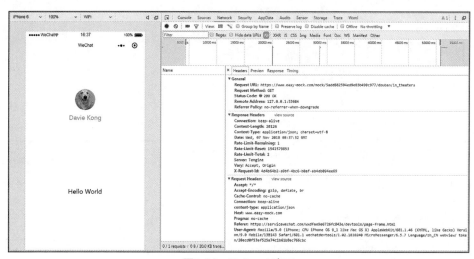

图1.31　Network窗口

图1.32　Console窗口

（7）Sensor 窗口有两大功能，开发者可以在这里选择模拟地理位置和模拟移动设备表现，用于调试重力感应 API，如图 1.33 所示。

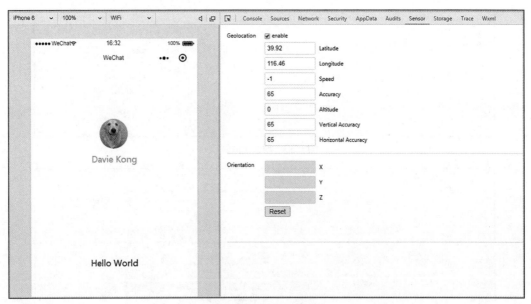

图1.33　Sensor窗口

任务 1.6　介绍项目结构

新建好的项目目录结构如图 1.34 所示。

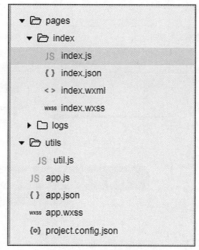

图1.34　项目目录结构

项目根目录有 pages、utils、app.js、app.json、app.wxss 和 project.config.json 一共 6 个文件和文件夹。

1.6.1　project.config.json

微信小程序开发者工具在每个项目的根目录都会生成一个 project.config.json。在工具上做的任何配置都会写入这个文件，当重新安装工具或者换计算机工作时，只要载入同一个项目的代码包，开发者工具就自动帮你恢复到当时你开发项目时的个性化配置，其中包括编辑器的颜色、代码上传时自动压缩等一系列选项，如表 1.2 所示。

表 1.2　project.config.json 配置

字段名	类型	描述
miniprogramRoot	Path String	指定微信小程序源码的目录（需为相对路径）
qcloudRoot	Path String	指定腾讯云项目的目录（需为相对路径）
pluginRoot	Path String	指定插件项目的目录（需为相对路径）
compileType	String	编译类型
setting	Object	项目设置
libVersion	String	基础库版本
Appid	String	项目的 AppID，只在新建项目时读取
projectname	String	项目名字，只在新建项目时读取
packOptions	Object	打包配置选项
debugOptions	Object	调试配置选项
scripts	Object	自定义预处理

若须进一步了解配置，请自行打开微信官方提供的文档，阅读项目配置文件部分。

project.config.json 的配置和开发工具的详情一样，一个是通过配置文件的方式，一个是通过可视界面的方式展示项目配置，如图 1.35 所示。

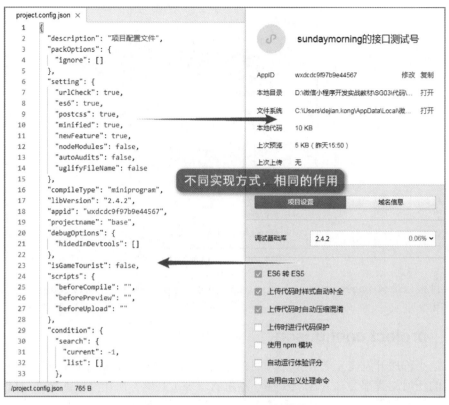

图1.35　project.config.json配置

1.6.2　app.wxss

app.wxss 是微信小程序的公共配置文件。微信使用 WXSS（WeiXin Style Sheets）描述组件的样式。WXSS 是一套类似 CSS 的样式语言，具有 CSS 的大部分特性。只是，为了更适合开发微信小程序，做了一些修改和扩充。

1. 样式尺寸

微信小程序使用 rpx 作为尺寸单位，可以根据屏幕尺寸自适应。规定屏幕宽为 750rpx。如在 iPhone6 上，屏幕宽度为 375px，共有 750 个物理像素，则 750rpx = 375px = 750 物理像素，1rpx = 0.5px = 1 物理像素，如表 1.3 所示。

表 1.3　px 和 rpx 换算

设备	rpx 换算 px（屏幕宽度）	px 换算 rpx（750/屏幕宽度）
iPhone5	1rpx = 0.42px	1px = 2.34rpx
iPhone6	1rpx = 0.5px	1px = 2rpx
iPhone6 Plus	1rpx = 0.552px	1px = 1.81rpx
iPhone7	1rpx = 0.5px	1px = 2rpx
iPhone7 Plus	1rpx = 0.552px	1px = 1.81rpx
iPhoneX	1rpx = 0.5px	1px = 2rpx

2. 样式导入

使用@import 语句可以导入外联样式表，@import 后加需要导入的外联样式表的相对路径。分号表示语句结束，如下所示。

```
/** common.wxss **/
.small-p {
  padding:5px;
}


/** app.wxss **/
@import "common.wxss";
.middle-p {
  padding:15px;
}
```

3．内联样式

框架组件上支持使用 style、class 属性控制组件的样式。

style：静态的样式统一写到 class 中。style 接收动态的样式，运行时会进行解析，请尽量避免将静态的样式写进 style 中，以免影响渲染速度，如下所示。

```
<view style="color:{{color}};" />
```

class：用于指定样式规则，其属性值是样式规则中类选择器名(样式类名)的集合，样式类名不需要带上，样式类名之间用空格分隔，如下所示。

示例 1-1：

```
<view class="normal_view" />
```

4．全局样式与局部样式

定义在 app.wxss 中的样式为全局样式，其作用于每个页面。在 page 的 wxss 文件中定义的样式为局部样式，只作用在对应的页面，并会覆盖 app.wxss 中相同的选择器。

5．选择器

微信小程序目前支持的选择器如表 1.4 表示。

表 1.4　微信小程序目前支持的选择器

选择器	样例	样例描述
.class	.intro	选择所有拥有 class="intro" 的组件
#id	#firstname	选择拥有 id="firstname" 的组件
element	view	选择所有 view 组件
element, element	view, checkbox	选择所有文档的 view 组件和所有的 checkbox 组件
::after	view::after	在 view 组件后边插入内容
::before	view::before	在 view 组件前边插入内容

1.6.3　app.json

微信小程序根目录下的 app.json 文件用来对微信小程序进行全局配置，设置页面文件的路径、窗口表现、网络超时时间、多 tab 等。第 2 章将深入讲解 app.json。

1.6.4　app.js

app.js 文件用来定义全局数据和函数，指定微信小程序的生命周期函数，如图 1.36 所示。

```
//app.js
App({
  onLaunch: function () {                  ←————  生命周期函数
    // 展示本地存储能力
    var logs = wx.getStorageSync('logs') || []
    logs.unshift(Date.now())
    wx.setStorageSync('logs', logs)

    // 登录
    wx.login({
      success: res => {
        // 发送 res.code 到后台换取 openId, sessionKey, unionId
      }
    })
    this.getuser();

  },
  getuser : function(){                     ←————  自定义函数
    // 获取用户信息
    wx.getSetting({
      success: res => {
        if (res.authSetting['scope.userInfo']) {
          // 已经授权，可以直接调用 getUserInfo 获取头像昵称，不会弹框
          wx.getUserInfo({
            success: res => {
              // 可以将 res 发送给后台解码出 unionId
              this.globalData.userInfo = res.userInfo

              // 由于 getUserInfo 是网络请求，可能会在 Page.onLoad 之后才返回
              // 所以此处加入 callback 以防止这种情况
              if (this.userInfoReadyCallback) {
                this.userInfoReadyCallback(res)
              }
            }
          })
        }
      }
    })
  },
  globalData: {                             ←————  全局数据
    userInfo: null
  }
})
```

图1.36　app.js文件

1.6.5　pages

　　pages 目录下存放的是页面组件，每个组件下有 4 个文件，后缀分别是.js、.json、.wxml、.wxss。

　　（1）js 文件是组件的脚本文件，定义了组件的数据和函数，是组件的灵魂部分。

　　（2）根目录的 app.json 是对微信小程序的全局配置。每个组件下的.json 文件则是对这个组件的配置。

　　（3）微信使用 WXML（WeiXin Markup Language）构建页面，类似于 HTML，但是微信小程序定义了自己的标签，所以 HTML 中的所有标签（如 div、p、img 等）都不可以使用。

　　（4）组件下的.wxss 文件用来描述本组件的样式。如果样式在 app.wxss 中定义过，那么该样式在组件中是有效的；如果想覆盖公共组件样式，应在本组件的.wxss 文件中重新定义。

1.6.6　utils

　　utils 目录下存放了一些工具函数，可以把一些常用的函数，如日期格式化、产生的随机数等放在 utils 目录下，在有需要的组件中引入，如图 1.37 和图 1.38 所示。

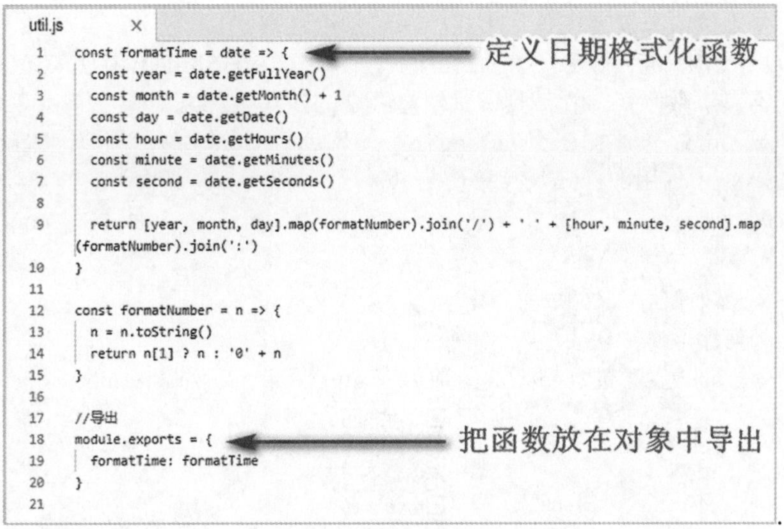

```
util.js          ×
 1   const formatTime = date => {
 2     const year = date.getFullYear()
 3     const month = date.getMonth() + 1
 4     const day = date.getDate()
 5     const hour = date.getHours()
 6     const minute = date.getMinutes()
 7     const second = date.getSeconds()
 8
 9     return [year, month, day].map(formatNumber).join('/') + ' ' + [hour, minute, second].map
       (formatNumber).join(':')
10   }
11
12   const formatNumber = n => {
13     n = n.toString()
14     return n[1] ? n : '0' + n
15   }
16
17   //导出
18   module.exports = {
19     formatTime: formatTime
20   }
21
```

定义日期格式化函数

把函数放在对象中导出

图1.37　导出utils对象

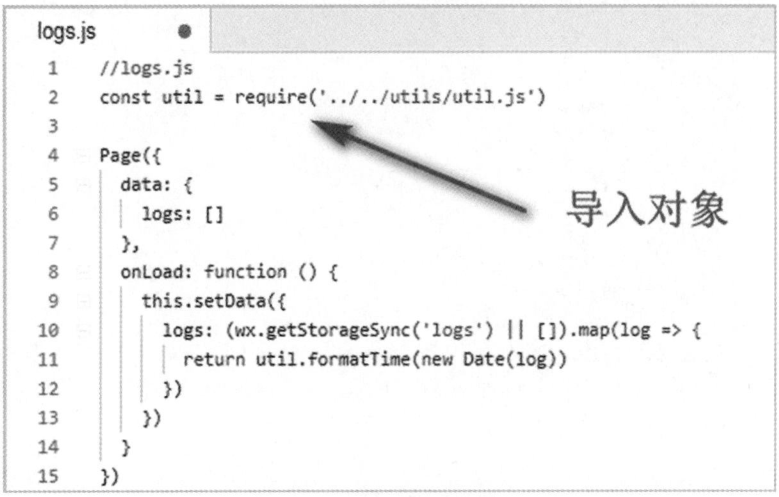

```
logs.js          ●
 1    //logs.js
 2    const util = require('../../utils/util.js')
 3
 4    Page({
 5      data: {
 6        logs: []
 7      },
 8      onLoad: function () {
 9        this.setData({
10          logs: (wx.getStorageSync('logs') || []).map(log => {
11            return util.formatTime(new Date(log))
12          })
13        })
14      }
15    })
```

导入对象

图1.38　导入utils对象

➔本章作业

1．选择题

（1）微信小程序是什么时候正式发布的？（　　）

    A．2017 年 1 月 10 日 　　　　　　B．2016 年 1 月 9 日

    C．2017 年 1 月 9 日 　　　　　　　D．2016 年 1 月 11 日

（2）微信小程序的优点不包括（　　）。

    A．无须下载安装，无须注册，用完即走，不占用手机内存。

    B．没有大小限制，可以实现复杂的业务。

    C．可以分享给好友和群，比原生 App 易于传播。

    D．跨平台，一套微信小程序代码可以同时运行在安卓和苹果平台，开发成本比原生 App 低。

1
Chapter

（3）使用微信开发者工具在手机上预览的组合键是（　　　）。

  A．Ctrl+Shift+P B．Ctrl+Shift+N   C．Ctrl+Shift+W D．Ctrl+Shift+F

（4）不属于微信开发者工具调试信息级别的是（　　　）。

  A．Info   B．Warning   C．Errors   D．Debug

（5）wxss 中使用的样式尺寸单位是（　　　）。

  A．px   B．rpx   C．em   D．rem

2．简答题

（1）wxss 如何导入外联样式表？

（2）如何获取 AppID？

（3）写一个产生随机数的工具函数放在 utils 目录下，然后在 index 组件中引用。

作业答案

第 2 章

深入微信小程序

本章技能目标

➢ 掌握微信小程序常用的配置项。
➢ 掌握使用 WXML 编写页面的方法。
➢ 掌握使用 WXSS 编写样式的方法。
➢ 理解微信小程序的生命周期。

本章知识梳理

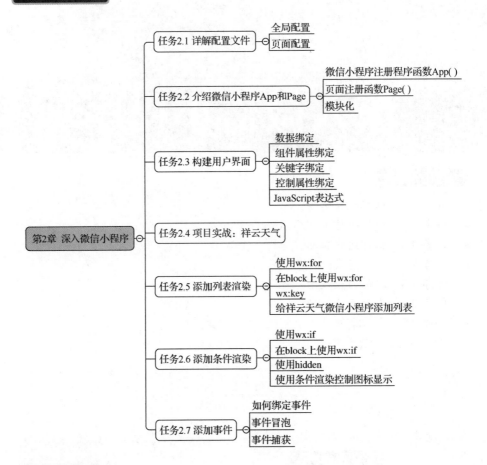

本章简介

通过第 1 章的学习，我们对微信小程序有了基本的了解，知道了微信小程序的发展历程、微信小程序可以做什么以及如何创建一个微信小程序。本章将深入讲解如何在微信小程序中通过 WXML 构建 UI、使用 WXSS 美化页面样式以及通过 JavaScript 赋予页面能力。在学习的过程中，我们将通过"祥云天气"这个案例，一边学习，一边完成微信小程序开发。这是一种非常值得推荐的学习方式，也就是通过项目需求驱动学习，使学习的知识能马上得到运用，进而提高学习效率。

预习作业

（1）如何改变导航栏背景颜色和标题颜色？
（2）Page 的生命周期回调函数有哪些，应分别在什么时候触发？
（3）如何给页面组件添加绑定事件？
（4）如何根据条件控制某个组件的隐藏和显示？

任务 2.1　详解配置文件

2.1.1　全局配置

微信小程序根目录下有一个 app.json 文件，其用于对微信小程序进行全局配置，进而决定页面文件的路径、窗口表现、网络超时时间、底部 tab 栏的表现等。

app.json 中的配置项并非都必须被设置。表 2.1 列出了 app.json 常用的配置项。

表 2.1　app.json 常用的配置项

配置项	类型	必填	描述
pages	Array	是	设置页面路径
window	Object	否	设置默认页面的窗口表现
tabBar	Object	否	设置底部 tab 栏的表现
networkTimeout	Object	否	设置网络超时时间
debug	Boolean	否	设置是否开启 debug 模式
navigateToMiniProgramAppidList	Array	否	设置需要跳转的微信小程序列表

示例 2-1 是一个包含了部分常用配置项的 app.json。

示例 2-1：

```
{
  "pages": ["pages/index/index", "pages/logs/logs"],
  "window": {
    "navigationBarTitleText": "Demo"
  },
  "tabBar": {
    "list": [
      {
        "pagePath": "pages/index/index",
        "text": "首页"
      },
      {
        "pagePath": "pages/logs/logs",
        "text": "日志"
      }
    ]
  },
  "networkTimeout": {
    "request": 10000,
    "downloadFile": 10000
  },
  "debug": true,
```

```
      "navigateToMiniProgramAppidList": ["wxe5f52902cf4de896"]
   }
```

1. pages 配置项

在示例 2-1 中，pages 用于指定微信小程序由哪些页面组成，其值是一个数组，数组中每一项都是一个页面的路径信息。填写 pages 配置项时，需要遵循以下 3 个原则：

（1）数组的第一项代表微信小程序的初始页面（首页）；

（2）微信小程序中新增/减少页面时，需要对 pages 数组进行修改；

（3）不需要写文件后缀，框架会自动寻找对应位置的.json、.js、.wxml、.wxss 文件。

如果在 pages 中添加一个配置项 "pages/home/home"，就会看到开发者工具自动在 pages 目录下创建了 home 目录，并且目录下有 home.wxml、home.wxss、home.js、home.json 4 个文件。

2. window 配置项

Window 配置项用于确定微信小程序的状态栏、导航条、标题、窗口背景色等。在未进行配置时，会使用系统的默认配置。表 2.2 列出了 window 配置项的常用配置。

表 2.2　window 配置项的常用配置

配置项	类型	默认值	描述
navigationBarBackgroundColor	HexColor	#000000	设置导航栏的背景颜色
navigationBarTextStyle	String	white	设置导航栏的标题颜色，仅支持 black / white
navigationBarTitleText	String		设置导航栏标题的文字内容
navigationStyle	String	default	设置导航栏样式，仅支持以下值：default 默认样式，custom 自定义导航栏，只保留右上角胶囊按钮
backgroundColor	HexColor	#ffffff	设置窗口的背景色
enablePullDownRefresh	Boolean	false	设置是否开启当前页面的下拉刷新功能
backgroundTextStyle	String	dark	设置下拉 loading 的颜色，仅支持 dark / light

示例 2-2：

```
{
   "window": {
      "navigationBarBackgroundColor": "#ffffff",
      "navigationBarTextStyle": "black",
      "navigationBarTitleText": "课工场微信小程序开发",
      "backgroundColor": "#eeeeee",
      "backgroundTextStyle": "dark"
   }
}
```

在示例 2-2 中，我们设置了导航栏背景色为白色，导航栏标题为"课工场微信小程序开发"，字体颜色为黑色，窗口背景色为"#eeeeee"，下拉 loading 的颜色为"dark"，也就是深灰色。

3. tabBar 配置项

tabBar 配置项用来设置底部 tab 栏的表现以及 tab 切换时显示的页面。常见的 tabBar 配置项如表 2.3 所示。

表 2.3　常见的 tabBar 配置项

配置项	类型	必填	默认值	描述
color	HexColor	是		tab 上的文字默认颜色，仅支持十六进制颜色
selectedColor	HexColor	是		tab 上的文字选中时的颜色，仅支持十六进制颜色
backgroundColor	HexColor	是		tab 的背景色，仅支持十六进制颜色
borderStyle	String	否	black	tabbar 上边框的颜色，仅支持 black / white
list	Array	是		tab 的列表，详见 list 属性说明，最少 2 个 tab，最多 5 个 tab
position	String	否	bottom	tabBar 的位置，仅支持 bottom / top

其中，list 是一个数组，用于配置标签页，标签页按数组顺序排序，数组中的每项都是一个对象。list 对象的配置如表 2.4 所示。

表 2.4　list 对象的配置

对象	类型	必填	描述
pagePath	String	是	页面路径，必须在 pages 中先定义
text	HexColor	是	tab 上按钮的文字
iconPath	HexColor	是	图片路径，icon 的大小限制为 40KB，建议尺寸为 81px ×81px，不支持网络图片；当 position 为 top 时，不显示 icon
selectedIconPath	String	否	选中的图片路径，icon 的大小限制为 40KB，建议尺寸为 81px ×81px，不支持网络图片；当 position 为 top 时，不显示 icon

tabBar 配置见示例 2-3。

示例 2-3：

```
{
    "tabBar": {
    "color": "#dadada",
    "selectedColor": "#09bb07",
    "backgroundColor":"#fff",
    "borderStyle": "black",
    "list": [
      {
        "pagePath": "pages/index/index",
        "text": "首页",
        "iconPath": "images/icon_1_n.png",
        "selectedIconPath": "images/icon_1_a.png"
      },{
```

```
            "pagePath": "pages/logs/index",
            "text": "日志",
            "iconPath": "images/icon_2_n.png",
            "selectedIconPath": "images/icon_2_a.png"
        }
    ]
  }
}
```

在示例 2-3 中，配置 tabBar 文字颜色为"#dadada"，选中 tab 的颜色为"#09bb07"，tabBar 背景色为"#fff"（纯白色），上边框颜色为"black"（黑色），然后设置了两个 tab 页，每个 tab 页中分别设置 tab 页的路径、显示的文字和对应的图标路径。图标路径有两个，微信小程序会根据选中的状态加载对应的图标。

4. networkTimeout 配置项

networkTimeout 配置项用于设置网络请求超时时间，单位为 ms。在示例 2-1 中，设置了请求超时时间 10000ms，也就是 10s，文件下载超时时间也是 10s。如果不设置网络请求超时时间，则会使用操作系统内核或者 WebServer 的设定值。networkTimeout 配置项如表 2.5 所示。

表 2.5　networkTimeout 配置项

配置项	类型	必填	默认值	描述
request	Number	否	60000	wx.request 的超时时间，单位：ms
connectSocket	Number	否	60000	wx.connectSocket 的超时时间，单位：ms
uploadFile	Number	否	60000	wx.uploadFile 的超时时间，单位：ms
downloadFile	Number	否	60000	wx.downloadFile 的超时时间，单位：ms

5. debug 配置项

在 app.json 中设置 debug 为 true，则开启了调试模式。在开发者工具的控制台面板，调试信息以 info 的形式给出，其信息有 Page 的注册、页面路由、数据更新、事件触发等，可以帮助开发者快速定位一些常见的问题。图 2.1 是开启调试模式后控制台的输出。

图2.1　开启调试模式后控制台的输出

6. navigateToMiniProgramAppidList 配置项

微信小程序从基础库 2.4.0 开始支持某个微信小程序跳转到其他微信小程序。如果要做微信小程序跳转，需要在 navigateToMiniProgramAppidList 中配置需要跳转的微信小程序 AppID，最多允许填写 10 个。

示例 2-4：

```
{
    "navigateToMiniProgramAppidList": ["wxe5f52902cf4de896", "wxe5f52902cf4de896"]
}
```

示例 2-4 中填写了两个微信小程序 AppID，即表示允许跳转到这两个微信小程序。

2.1.2　页面配置

每个微信小程序页面下也有一个.json 文件，文件名和页面文件同名（如果没有，可以创建此文件）。例如，index 页面的配置文件就是 index.json，用来设置本页面的窗口表现。不过，页面配置只能配置 app.json 全局配置中的 window 配置项的内容。

如果有相同的配置，页面配置会覆盖 app.json 中的 window 配置。示例 2-5 是一个页面的配置示例。

示例 2-5：

```
{
    "navigationBarBackgroundColor": "#ffffff",
    "navigationBarTextStyle": "black",
    "navigationBarTitleText": "首页",
    "backgroundColor": "#eeeeee",
    "backgroundTextStyle": "light"
}
```

在页面配置中，有几项和 app.json 中是不同的。表 2.6 中列出了页面配置所有可选配置项。

表 2.6　页面配置所有可选配置项

属性	类型	默认值	描述
navigationBarBackgroundColor	HexColor	#000000	设置导航栏的背景颜色
navigationBarTextStyle	String	white	设置导航栏的标题颜色，仅支持 black/white
navigationBarTitleText	String		导航栏标题文字内容
backgroundColor	HexColor	#ffffff	窗口的背景色
backgroundTextStyle	String	dark	下拉 loading 的样式，仅支持 dark / light
enablePullDownRefresh	Boolean	false	是否全局开启下拉刷新功能
onReachBottomDistance	Number	50	页面上拉触底事件触发时距页面底部距离，单位为 px
disableScroll	Boolean	false	若设置为 true，则页面整体不能上下滚动；只在页面配置中有效，无法在 app.json 中设置该项

上机练习——制作底部导航栏

需求说明

修改 app.json 配置和页面配置，实现在微信小程序上显示底部 tabBar，单击切换 tab，

显示对应的页面，页面标题栏文字需要和 tab 文字一致，选中的图标和文字颜色为
"#d4237a"，完成后的效果如图 2.2 所示。

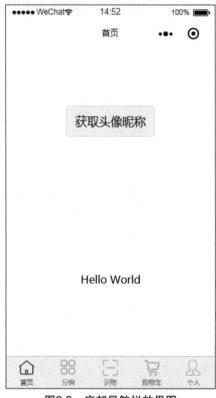

图2.2　底部导航栏效果图

任务 2.2　介绍微信小程序 App 和 Page

2.2.1　微信小程序注册程序函数 App()

在 app.js 里是一个 App( )函数，定义全局函数和数据，还可用来注册一个微信小程
序。在 App( )函数里有一些生命周期函数。表 2.7 列出了 App( )里的生命周期函数。

表 2.7　App()里的生命周期函数

属性	类型	描述	触发时机
onLaunch	Function	监听微信小程序初始化	微信小程序初始化完成时（全局只触发一次）
onShow	Function	监听微信小程序显示	微信小程序启动，或从后台进入前台显示时
onHide	Function	监听微信小程序隐藏	微信小程序从前台进入后台时
onError	Function	错误监听函数	微信小程序发生脚本错误，或者 API 调用失败时触发，会带上错误信息
onPageNotFound	Function	页面不存在监听函数	微信小程序要打开的页面不存在时触发，会带上页面信息回调该函数

示例 2-6 展示了 App 的生命周期函数。

示例 2-6：

```
App({
    onLaunch(options) {
        //当微信小程序完成初始化时执行
    },
    onShow(options) {
        //微信小程序启动，或从后台进入前台显示时
    },
    onHide() {
        //微信小程序从前台进入后台时
    },
    onError(msg) {
        //微信小程序发生脚本错误，或者 API 调用失败时触发
        console.log(msg)
    },
    userFunc() {
        console.log("自定义函数")
    },
    globalData: {   //全局数据
        student_number:100
    }
})
```

在页面 js 文件里，如果要获取全局数据，通过执行 getApp()获取微信小程序 App 示例，然后就可以调用到 globalData，代码如下。

```
var appInstance = getApp( );
console.log(appInstance.globalData.student_number);
```

 注意

（1）App()是单例的，只能注册一个，且只能在 app.js 中注册。

（2）不要在 App 内的函数中调用 getApp(),使用 this 就可以获取到 App 实例对象。

（3）不可以在 onLaunch 函数中调用 getCurrentPage( )函数，因为此时 page 还没有创建好。

（4）在页面 js 文件中通过 getApp( )获取到 App 实例后，不要调用 App 的生命周期函数，只可以调用自定义函数和全局变量，生命周期函数是程序自动调用执行的。

2.2.2　页面注册函数 Page()

每个页面的文件夹内都有一个 js 文件，如 index 文件内有 index.js，logs 文件夹内有 logs.js。在这个 js 文件内有一个 Page( )函数，用来注册一个页面。传入一个 Object 参数，

在这个对象内可以定义页面的生命周期函数、页面数据、用户自定义函数和事件函数。Object 参数说明如表 2.8 表示。

表 2.8　Object 参数说明

属性	类型	描述
data	Object	页面的初始数据
onLoad	Function	生命周期函数—监听页面加载
onShow	Function	生命周期函数—监听页面显示
onReady	Function	生命周期函数—监听页面初次渲染完成
onHide	Function	生命周期函数—监听页面隐藏
onUnload	Function	生命周期函数—监听页面卸载
onPullDownRefresh	Function	监听用户下拉动作
onReachBottom	Function	页面上拉触底事件的处理函数
onShareAppMessage	Function	用户单击右上角转发
onPageScroll	Function	页面滚动触发事件的处理函数
onResize	Function	页面尺寸改变时触发
onTabItemTap	Function	当前是 tab 页时，单击 tab 时触发
其他	Any	开发者自定义函数，在其他函数中使用 this 可以调用

一个完整的 Page()函数如示例 2-7 所示。

示例 2-7：

```
Page({
  data: {
    text: 'This is page data.'
  },
  onLoad(options) {
    // 页面加载时触发，只调用一次
  },
  onReady() {
    // 页面初次渲染完成时触发，只调用一次
  },
  onShow() {
    // 页面显示时触发，在每次切入显示的时候都会调用
  },
  onHide() {
    // 页面隐藏时触发，如切换到其他页面或者切入后台
  },
  onUnload() {
    // 页面卸载时触发
  },
  onPullDownRefresh() {
    // 事件函数，当用户下拉页面的时候触发
```

```
  },
  onReachBottom() {
    // 监听用户上拉事件，可以在 app.json 的 window 里配置上拉触发距离
  },
  onShareAppMessage() {
    // 当用户单击分享的时候触发，也只有定义了此函数，右上角才会显示"转发"按钮
  },
  onPageScroll() {
    // 当页面发生滚动时触发
},
  onResize() {
    // 当页面大小发生变化时触发
  },
  onTabItemTap(item) {   // 当单击 tab 时触发
    console.log(item.index)
    console.log(item.pagePath)
    console.log(item.text)
  },
  viewTap() {
    // 开发者自定义的事件函数
  },
  customData: {
    hi: 'xiaoke'
  }
})
```

2.2.3 模块化

微信小程序基本遵循了 Common.js 模块化规范。在微信小程序中，每个 js 文件都是一个模块，在这个文件中定义的变量和函数只在该文件中有效，不同文件的相同变量不会相互影响。在开发中，经常会把一些常用的函数或变量单独定义在一个文件中，然后在需要使用的地方引入。

导出某个模块，使用 module.exports 或者 exports 对外暴露接口，在需要使用的地方，通过 require 引入。示例 2-8 演示了如何导出和导入模块。

示例 2-8：

```
// common.js
function sayHello(name) {
  console.log("hello" + name)
}
function sayGoodbye(name) {
  console.log("Goodbye " + name)
}
module.exports.sayHello = sayHello
exports.sayGoodbye = sayGoodbye
```

在需要使用这些模块的文件中，使用 require(path) 将公共代码引入。

```
const common = require('common.js')
Page({
  hello() {
    common.sayHello('小明')
  },
  goodbye() {
    common.sayGoodbye('小红')
  }
})
```

> ⚠️ **注意**
>
> exports 是 module.exports 的一个引用，不要随意改变 exports 的指向。
> 例如：exports = {sayHello :sayHello},这样会造成错误，无法导出模块，
> 但是 module.exports = {sayHello :sayHello}是没有问题的，
> 所以推荐使用 module.exports 暴露模块接口。

任务 2.3 构建用户界面

微信小程序使用 WXML（WeiXin Markup Language）开发微信小程序的页面。WXML 类似于 HTML，也是一套标签设计语言，结合基础组件、事件系统，可以构建出页面的结构。

2.3.1 数据绑定

微信小程序使用了类似于 Vue 的 mastach 语法（双大括号）。在 data 中定义的数据可以直接通过双大括号输出到页面上，这就是数据绑定。示例 2-9 演示了如何使用数据绑定。

示例 2-9：

index.html
```
<view>{{message}}</view>
```

index.js
```
Page({
  data: {
    ...省略其他数据
    message: 'Hello 微信小程序'
  }
})
```

在示例 2-9 中，page.js 文件的 data 中定义了一个数据 message，然后在页面上通过"{{message}}"显示，显示效果如图 2.3 所示。

图2.3　数据绑定

2.3.2　组件属性绑定

数据绑定除可以在组件内部使用外，也可以在组件的属性上使用。示例 2-10 展示了如何使用。

示例 2-10：

index.html
```
<view id="item-{{id}}">在组件属性上使用数据绑定</view>
```

index.js
```
Page({
  data: {
    ...省略其他数据
     id:123
  }
})
```

在调试器里查看绑定效果，如图 2.4 所示，可以看到 view 组件的 id 属性上已经通过数据绑定设置了 id 的值为"item-123"。

```
▼<page>
  ▼<view class="container">
    ►<view class="usermotto">...</view>
     <view id="item-123">在组件属性上使用数据绑定</view>
    </view>
  </page>
```

图2.4　组件属性绑定

2.3.3　关键字绑定

组件有一些关键字，像 checkbox 组件的 checked 关键字，用来表示组件是否被选中，checked 值为 true 代表选中，为 false 代表未选中。

示例 2-11：

index.html
```
<checkbox checked='{{check}}'></checkbox>
```

Chapter 2

```
index.js
Page({
  data: {
    ...省略其他数据
    check:true
  }
})
```

示例 2-11 中，在 data 中定义了数据 check 值为 true，效果如图 2.5 所示，可以看到 checkbox 被选中了。

图2.5　关键字绑定

　注意

　　不要直接写 checked="false"，其计算结果是一个字符串，转成 boolean 类型后代表真值。

2.3.4　控制属性绑定

　　微信小程序中有类似 Vue 指令的控制属性，如 wx:if 控制属性用来进行条件判断，如示例 2-12 所示。

示例 2-12：

```
index.html
<view wx:if="{{condition}}">如果 condition 为 true 则显示，否则不显示</view>

index.js
Page({
  data: {
    condition: true
  }
})
```

2.3.5　JavaScript 表达式

　　微信小程序除支持简单的数据绑定外，还支持 JavaScript 表达式绑定。

1．数学运算

```
index.html
<view> a+b = {{a+b}}</view>
```

```
index.js
Page({
    data: {
        ...省略其他数据
        a: 1,
        b:2
    }
})
```

显示结果为 a+b=3。

2．逻辑运算

```
<view wx:if="{{len > 3}}">当 len 大于 3 的时候显示</view>
```

3．字符串运算

```
<view>{{"Steven " + lastname}}</view>
Page({
    data: {
        ...省略其他数据
        lastname: "Jobs"
    }
})
```

4．三元运算

```
<view>{{ len > 3 ? "hello" : "world"}}</view>
```

任务 2.4　项目实战：祥云天气

祥云天气是一个用来展示某地的天气温度、天气状况以及未来几天的温度微信小程序。下面通过数据绑定的方式显示天气情况，如图 2.6 所示。

图2.6　祥云天气

（1）首先创建项目，AppID 的获取在第 1 章中讲过，或者使用测试号，单击蓝色"小程序"会自动填入测试 AppID，勾选"建立普通快速启动模板"，如图 2.7 所示。

图2.7　创建祥云天气项目

（2）创建新页面 weather，进入 app.json，在 pages 配置项中删除 index 页面，新增 weather 页，代码如下。

```
{
"pages":[
    "pages/weather/weather"
  ]
}
```

然后就会在编辑器中看到，pages 目录下多出 weather 文件夹。现在就创建好了 weather 页，并且显示的也是 weather 页。

打开 app.json，修改全局配置，设置标题栏的背景颜色和文字，代码如下。

```
{
  "pages":[
    "pages/weather/weather"
  ],
  "window":{
    "backgroundTextStyle":"light",
    "navigationBarBackgroundColor": "#5fc8ff",
    "navigationBarTitleText": "祥云天气",
    "navigationBarTextStyle":"white"
  },
```

```
"debug":false
}
```

（3）打开 weather.js，在 data 中添加天气数据，包括城市、地区、天气、温度和星期数据，代码如下。

```
Page({
    data: {
        city:"北京",
        area:"海淀",
        weather:"多云",
        temperature:"18℃",
        weeks: { week: "周三", temp: { highest: "18℃", lowest: "12℃" }}
    }
})
```

（4）打开 weather.wxml，编写页面结构，通过数据绑定把在 js 中定义的数据显示出来，代码如下。

```
<view class='container'>
    <text class='weather'>{{weather}}</text>
    <text class='city'>{{city}} {{area}}</text>
    <text class='temperature'>{{temperature}}</text>
    <view class='week-list'>
        <view class='week'>{{weeks.week}}</view>
        <view class='temp'>{{weeks.temp.highest}}~{{weeks.temp.lowest}}C</view>
    </view>
</view>
```

初始页面效果如图 2.8 所示。

图2.8　初始页面效果

（5）添加背景图，在项目根目录创建 public/imgs/目录，把本章提供的背景图素材导入 imgs 目录下。修改 weather.wxml 代码，添加 image 组件，代码如下。

```
<view class='container'>
    <image class='bg' mode='widthFix' src='/public/imgs/qntq-bg.png'></image>
    <text class='weather'>{{weather}}</text>
    <text class='city'>{{city}} {{area}}</text>
    <text class='temperature'>{{temperature}}</text>
    <view class='week-list'>
        <view class='week'>{{weeks.week}}</view>
        <view class='temp'>{{weeks.temp.highest}}~{{weeks.temp.lowest}}C</view>
```

```
        </view>
    </view>
```

（6）添加样式，美化页面，打开 weather.wxss 添加样式，代码如下。

```
.container{
  color: #fff;
}
.bg{
    position: absolute;
    top: 0;
    width: 100%;
    z-index: -1;
}
.weather{
    color: #fff;
    font-size: 60rpx;
    margin-top:50rpx;
}
.city{
    font-size: 32rpx;
    margin: 10rpx;
}
.temperature{
    font-size: 180rpx;
    margin: 20rpx;
    font-weight: 800;
}
.week-list{
    width: 100%;
    display: flex;
    align-items: center;
    justify-content: center;
    color: #5fc8ff;
    margin-top:470rpx;
}
.week-list .week{
    flex:3;
    text-align: left;
    padding-left: 50rpx;
}
.week-list .temp{
    flex:2;
    text-align: center;
}
```

添加完样式的效果如图 2.9 所示。

图2.9 添加完样式的效果

任务 2.5 添加列表渲染

2.5.1 使用 wx:for

在组件上使用 wx:for 控制属性绑定一个数组，即可使用数组中各项的数据重复渲染该组件。

数组当前项的下标变量名默认为 index，数组当前项的变量名默认为 item，示例如下。

```
<view wx:for="{{array}}">{{index}}: {{item.message}}</view>
```

```
Page({
  data: {
    array: [{
      message: 'foo',
    }, {
      message: 'bar'
    }]
  }
})
```

使用 wx:for-item 可以指定数组当前元素的变量名，使用 wx:for-index 可以指定数组当前下标的变量名，如下所示。

```
<view wx:for="{{array}}" wx:for-index="idx" wx:for-item="itemName">
  {{idx}}: {{itemName.message}}
</view>
```

2.5.2　在 block 上使用 wx:for

wx:for 用在某个组件上，如果想渲染包含多节点的结构块，可以使用<block>。例如：

```
<block wx:for="{{[1, 2, 3]}}">
  <view>{{index}}:</view>
  <view>{{item}}</view>
</block>
```

注意

并不是一个组件，它仅是一个包装元素，不会在页面中做任何渲染，只接受控制属性。

2.5.3　wx:key

如果列表中项目的位置会动态改变或者有新的项目添加到列表中，并且希望列表中的项目保持自己的特征和状态（如 <input> 中的输入内容，<switch> 的选中状态），则需要使用 wx:key 指定列表中项目的唯一标识符。

wx:key 的值以两种形式提供：

➤ 字符串，代表在 for 循环的 array 中 item 的某个 property，该 property 的值需要是列表中唯一的字符串或数字，且不能动态改变。

➤ 保留关键字 *this 代表在 for 循环中的 item 本身，这种表示需要 item 本身是一个唯一的字符串或者数字，当数据改变触发渲染层重新渲染的时候，会校正带有 key 的组件，框架会确保它们被重新排序，而不是重新创建，以确保使组件保持自身的状态，并且提高列表渲染时的效率，如示例 2-13 所示。

示例 2-13：

```
<switch wx:for="{{objectArray}}" wx:key="unique" style="display: block;">
  {{item.id}}
</switch>
<switch wx:for="{{numberArray}}" wx:key="*this" style="display: block;">
  {{item}}
</switch>

Page({
  data: {
    objectArray: [
      {id: 5, unique: 'unique_5'},
      {id: 4, unique: 'unique_4'},
      {id: 3, unique: 'unique_3'},
```

```
        {id: 2, unique: 'unique_2'},
        {id: 1, unique: 'unique_1'},
        {id: 0, unique: 'unique_0'},
      ],
      numberArray: [1, 2, 3, 4]
    }
})
```

 注意

　　如不提供 wx:key，会报一个 warning。如果明确知道该列表是静态，或者不必关注其顺序，则可以选择忽略。

2.5.4　给祥云天气微信小程序添加列表

进入 weather.wxml，修改 weeks 数组，添加星期数据，代码如下。

```
Page({
    data: {
        city:"北京",
        area:"海淀",
        weather:"多云",
        temperature:"18℃",
        weeks: [
            { week: "周三", temp: { highest: "18℃", lowest: "12℃" }},
            { week: "周四", temp: { highest: "16℃", lowest: "10℃" } },
            { week: "周五", temp: { highest: "19℃", lowest: "13℃" } }
            ]
    }
})
```

修改 weather.wxml 文件，使用 wx:for 渲染星期列表，代码如下。

```
<view class='container'>
    <image class='bg' mode='widthFix' src='/public/imgs/qntq-bg.png'></image>
    <text class='weather'>{{weather}}</text>
    <text class='city'>{{city}} {{area}}</text>
    <text class='temperature'>{{temperature}}</text>
    <view class='week-list'>
        <view class='week-item' wx:for="{{weeks}}" wx:for-item="w" wx:key="index">
         <view class='week'>{{w.week}}</view>
         <view class='temp'>{{w.temp.highest}}~{{w.temp.lowest}}C</view>
        </view>
    </view>
</view>
```

现在在模拟器中可以看到已经显示出星期列表了，如图 2.10 所示。

图2.10　添加列表效果

任务 2.6　添加条件渲染

2.6.1　使用 wx:if

在框架中，使用 wx:if="{{condition}}" 判断是否需要渲染该代码块，如下所示。

<view wx:if="{{condition}}"> 当 condition 为 true 的时候，显示</view>。

也可以用 wx:elif 和 wx:else 添加一个 else 块，代码如下所示。

```
<view wx:if="{{score >= 80}}">优秀</view>
<view wx:elif="{{score < 80 && score >= 60}}">及格</view>
<view wx:else>不及格</view>
```

2.6.2　在 block 上使用 wx:if

wx:if 是一个控制属性，需要将它添加到一个标签上。如果要一次性判断多个组件标签，可以使用一个<block/>标签将多个组件包装起来，并在上边使用 wx:if 控制属性，代码如下所示。

```
<block wx:if="{{true}}">
  <view>view1</view>
  <view>view2</view>
</block>
```

2.6.3　使用 hidden

除了 wx:if，hidden 也可以控制元素的隐藏和显示，代码如下所示：

```
<view hidden="{{hid}}">hid 为 true 时不显示</view>
Page({
  data: {
    ...省略其他数据
    city:"北京"
```

```
    }
})
```

hidden 和 wx:if 不同的是，wx:if 初始渲染条件为 false 时，框架什么也不做，在条件第一次变成真的时候，才开始局部渲染，hidden 就简单得多，组件始终会被渲染，只是简单地控制显示与隐藏。

一般地，wx:if 有更高的切换消耗，而 hidden 有更高的初始渲染消耗。因此，在需要频繁切换的情景下，用 hidden 更好。如果运行时条件不太可能改变，则用 wx:if 较好。

2.6.4　使用条件渲染控制图标显示

打开 weather.js，修改 weeks 数据，添加天气状况数据，代码如下。

```
Page({
    data: {
        city:"北京",
        area:"海淀",
        weather:"多云",
        temperature:"18℃",

        weeks: [
            { week: "周三", temp: { highest: "18℃", lowest: "12℃" }, weather:"多云"},
            { week: "周四", temp: { highest: "16℃", lowest: "10℃" }, weather: "晴"},
            { week: "周五", temp: { highest: "19℃", lowest: "13℃" }, weather: "多云"}
        ]
    }
})
```

修改 weather.wxml 页面，添加天气图标，代码如下。

```
<view class='icon'>
    <image wx:if="{{w.weather=='晴'}}" src="/public/imgs/sun.png" mode='widthFix' style='width:50rpx'></image>
    <image wx:else src="/public/imgs/cloud.png" mode='widthFix' style='width:50rpx'></image>
</view>
```

每个星期的天气图标有两张图片，通过 wx:if 判断天气是否是"晴"控制显示哪张图片。完整代码如下。

```
<view class='container'>
    <image class='bg' mode='widthFix' src='/public/imgs/qntq-bg.png'></image>
    <text class='weather'>{{weather}}</text>
    <text class='city'>{{city}} {{area}}</text>
    <text class='temperature'>{{temperature}}</text>
    <view class='week-list'>
        <view class='week-item' wx:for="{{weeks}}" wx:for-item="w" wx:key="index">
            <view class='week'>{{w.week}}</view>
            <view class='icon'>
                <image wx:if="{{w.weather == '晴'}}" src="/public/imgs/sun.png" mode='widthFix'
                style='width:50rpx'></image>
                <image wx:else src="/public/imgs/cloud.png" mode='widthFix' style='width:50rpx'> </image>
            </view>
            <view class='temp'>{{w.temp.highest}}~{{w.temp.lowest}}C</view>
        </view>
```

```
    </view>
  </view>
```
最后修改 weather.wxss，添加代码如下。

```
.week-item .icon{
    flex: 2;
}
```

图2.11　显示图标

这样，天气图标就居中显示出来了，效果如图 2.11 所示。

任务 2.7　添加事件

事件是视图层到逻辑层的通信方式。通过给组件绑定事件，监听用户的操作行为，在对应的事件处理函数中进行相应的业务处理。事件对象可以携带额外信息，如 id、dataset、touches。

2.7.1　如何绑定事件

在组件上通过 bind+"事件名称"为组件绑定事件，当用户单击这个组件的时候，会触发组件绑定的事件函数，代码如下。

绑定事件：
```
<view>
  <view bindTap='tap'>添加单击事件</view>
</view>
```
添加事件处理函数：
```
Page({
  tap(){
    console.log('tap....')
  }
})
```

2.7.2　事件冒泡

事件分为冒泡事件和非冒泡事件。

➢　冒泡事件：当一个组件上的事件被触发后，该事件会向父节点传递。

➢　非冒泡事件：当一个组件上的事件被触发后，该事件不会向父节点传递。

冒泡事件列表如表 2.9 所示。

表 2.9　冒泡事件列表

类型	触发条件
touchStart	手指触摸动作开始
touchMove	手指触摸后移动
touchCancel	手指触摸动作被打断，如来电提醒、弹出窗口
touchEnd	手指触摸动作结束

续表

类型	触发条件
tap	手指触摸后马上离开
longPress	手指触摸后，超过 350ms 再离开，如果指定了事件回调函数，并触发了这个事件，tap 事件将不被触发
longTap	手指触摸后，超过 350ms 再离开（推荐使用 longPress 事件代替）
transitionEnd	会在 WXSS transition 或 wx.createAnimation 动画结束后触发
animationStart	会在一个 WXSS animation 动画开始时触发
animationIteration	会在一个 WXSS animation 一次迭代结束时触发
animationEnd	会在一个 WXSS animation 动画完成时触发
touchforceChange	支持 3D Touch 的 iPhone 设备，重按时会触发

除表 2.9 外的其他组件自定义事件（如无特殊声明）都是非冒泡事件，如<form/>的 submit 事件、<input/>的 input 事件、<scroll-view/>的 scroll 事件。

使用 bind 绑定事件不会阻止冒泡事件向上冒泡，如果要阻止事件冒泡，可以使用 catch 绑定事件，如示例 2-14 所示。

示例 2-14：

```
<view id="outer" bindTap="handleTap1">
  outer view
  <view id="middle" catchTap="handleTap2">
    middle view
    <view id="inner" bindTap="handleTap3">inner view</view>
  </view>
</view>
```

在示例 2-14 中，单击 inner view 会先后调用 handleTap3 和 handleTap2（因为 tap 事件会冒泡到 middle view，而 middle view 阻止了 tap 事件冒泡，不再向父节点传递），单击 middle view 会触发 handleTap2，单击 outer view 会触发 handleTap1。

2.7.3　事件捕获

自基础库版本 1.5.0 起，触摸类事件支持捕获阶段。事件触发的顺序为先捕获，后冒泡。需要在捕获阶段监听事件时，可以使用 capture-bind。使用 capture-catch 可以中断捕获阶段和取消冒泡阶段。

在示例 2-15 中，单击 inner view，会先后调用 handleTap2、handleTap4、handleTap3、handleTap1。

示例 2-15：

```
<view
  id="outer"
  bind:touchstart="handleTap1"
  capture-bind:touchstart="handleTap2"
>
  outer view
  <view
    id="inner"
    bind:touchstart="handleTap3"
```

```
        capture-bind:touchstart="handleTap4"
    >
        inner view
    </view>
</view>
```

如果将示例 2-15 中的第一个 capture-bind 改为 capture-catch，那么就只触发 handleTap2。

→ 本章作业

1. 选择题

（1）微信小程序的文件类型不包括（　　）。

    A．wxss   B．javascript   C．json   D．html

（2）在 app.json 配置文件中，设置 tabBar 的上边框颜色，需要设置的属性是（　　）。

    A．navigationStyle   B．navigationBarTextStyle

    C．borderStyle   D．iconPath

（3）App 的生命周期函数不包括（　　）。

    A．onLaunch   B．onLoad   C．onShow   D．onHide

（4）Page 的生命周期函数不包括（　　）。

    A．onLaunch   B．onReady   C．onUnload   D．onHide

（5）在 Page 中定义

```
Page({
  data: {
    a: 2,
    b:3
  }
})
```

在页面上使用数据绑定<view> {{a+b}} + {{3}}</view>，最终模拟器上显示的结果是（　　）。

    A．5   B．8

    C．5+3   D．以上选项都不对

2. 简答题

（1）写出 App 的生命周期函数，并说明在什么时候触发。

（2）编写代码，使用 wx:for 显示 5×5 乘法表。显示效果如图 2.12 所示。

乘法表 ••• ⊙
1 * 1 = 1   1 * 2 = 2   1 * 3 = 3   1 * 4 = 4   1 * 5 = 5
2 * 2 = 4   2 * 3 = 6   2 * 4 = 8   2 * 5 = 10
3 * 3 = 9   3 * 4 = 12   3 * 5 = 15
4 * 4 = 16   4 * 5 = 20
5 * 5 = 25

图2.12　乘法表

（3）wx:key 的作用是什么，如何使用？

（4）wx:if 和 hidden 的区别是什么，分别适合在什么时候使用？

（5）事件冒泡与事件捕获的区别是什么，如何阻止事件冒泡？

作业答案

第 3 章

常用组件

本章技能目标

➤ 掌握常用组件的用法。
➤ 掌握 WeUI 样式库的使用。

本章知识梳理

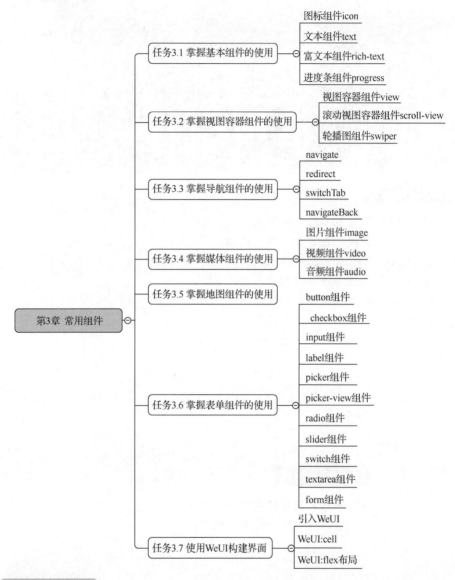

本章简介

在第 2 章中，学习了微信小程序的构成，使用 view、image、text 等组件开发了一个祥云天气微信小程序。除这些基本组件外，微信小程序还提供了各种功能的组件，如基本组件、视图容器组件、导航组件、媒体组件、地图组件和表单组件等。这些组件是构成微信小程序的基本单元，通过组件的组合、拼装，就能实现功能丰富、强大的微信小程序应用。本章将继续学习微信小程序的其他常用组件。

预习作业

（1）如何使用地图组件显示当前位置？

（2）如何在微信小程序中播放视频和音频？

任务 3.1 掌握基本组件的使用

基本组件有图标组件 icon、文本组件 text、富文本组件 rich-text 和进度条组件 progress。

3.1.1 图标组件 icon

微信小程序提供了一组图标，方便在不同的场景下使用，有成功、警告、提示、取消、下载等。

icon 组件的属性如表 3.1 所示。

表 3.1 icon 组件的属性

属性名	类型	默认值	说明
type	String		类型有效值：success、success_no_circle、 info、 warn、 waiting、cancel、download、search、clear
size	Number/String	23px	icon 的大小，单位为 px（2.4.0 版本起支持 rpx）
color	Color		icon 的颜色，同 CSS 的 color

icon 的图标类型除表 3.1 中列出的 9 个外，还包括 success_circle、info_circle、waiting_circle。代码如示例 3-1 所示。

示例 3-1：

```
<!-- 官方提供的 9 个图标 -->
<icon type="success" size="20" />
<icon type="success_no_circle" size="20" />
<icon type="info" size="20" />
<icon type="warn" size="20" />
<icon type="waiting" size="20" />
<icon type="cancel" size="20" />
<icon type="download" size="20" />
<icon type="search" size="20" />
<icon type="clear" size="20" />
<!-- 还可以使用的 3 个图标 -->
<icon type="success_circle" size="20" />
<icon type="info_circle" size="20" />
<icon type="waiting_circle" size="20" />
```

显示效果如图 3.1 所示。

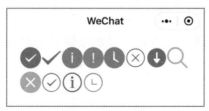

图3.1 icon组件

3.1.2 文本组件 text

微信小程序提供了文本组件 text，专门用来显示文字。text 使用起来和 HTML 中的 p 标签类似。text 组件内只能嵌套 text 组件，不能嵌套其他组件，并且只有 text 组件内的文本能够被长按选中。通过 text 组件的 selectable 属性设置是否允许选中，除此之外，text 组件还有两个属性：

➤ space：是否显示连续空格，值类型为字符串，有 3 个值，分别是 ensp（中文字符空格一半大小）、emsp（中文字符空格大小）、nbsp（根据字体设置的空格大小）。

➤ decode：是否解码，值类型为布尔值。

文本组件的使用方法如示例 3-2 所示。

示例 3-2：

```
<view class='container'>
    <view><text>课工场</text></view>
    <view><text selectable="true">微信小程序实战开发</text></view>
    <view><text space="emsp">微信小程序实战开发</text></view>
    <view><text decode='true'>微信小程序 实战开发</text></view>
</view>
```

显示效果如图 3.2 所示。

图3.2 text组件

在图 3.2 中可以看到"微信小程序实战开发"这几个字的 text 组件设置了 selectable 为 true，可以被选中，而"课工场"3 个字无法被选中。

text 组件属于行内组件，不会自动换行，如果要实现换行，可以把 text 组件嵌套在 view 组件内。

3.1.3 富文本组件 rich-text

电商类的应用在做商品详情页时经常使用富文本编辑器。微信小程序里展示的商品数据往往是从后端请求来的，包含 div 等标签结构和样式的富文本数据。那么，如何在微信小程序里直接展示这些数据呢？微信小程序从 1.4.0 版本开始支持富文本组件，就可以解决这个问题。

rich-text 有一个 nodes 属性，支持数组和字符串类型的数据。当 nodes 的值为数组时，是一组 HTML 节点的列表；当 nodes 值是字符串时，则是 HTML 字符串，代码如下所示。

```
<view>
    <rich-text nodes="<div>这是一个富文本节点</div>"></rich-text>
</view>
```

rich-text 支持两种节点，通过 type 区分，分别是元素节点和文本节点，默认是元素节点。

（1）元素节点：type = node，如表 3.2 所示。

表 3.2　元素节点

属性名	说明	类型	必填	备注
name	标签名	String	是	支持部分受信任的 HTML 节点
attrs	属性	Object	否	支持部分受信任的属性，遵循 Pascal 命名法
children	子节点列表	Array	否	结构和 nodes 一致

（2）文本节点：type = text，如表 3.3 所示。

表 3.3　文本节点

属性名	说明	类型	必填	备注
text	文本	String	是	支持 entities

示例 3-3 展示了如何使用 rich-text 组件。

示例 3-3：

index.wxml

```
<view class='container'>
  <view>
    <view>传入 HTML 字符串</view>
    <view>
      <rich-text nodes="{{html}}"></rich-text>
    </view>
  </view>
  <view>
    <view>传入节点列表</view>
    <view>
      <rich-text nodes="{{nodes}}"></rich-text>
    </view>
  </view>
</view>
```

index.js

```
Page({
  data: {
    html: '<div style="line-height: 60px; color: red;">Hello World!<p style="font-size: 50px;
        color: green;">ho ho </p></div>',
    nodes: [{
      name: 'div',
      attrs: {
        style: 'line-height: 60px; color: red;'
      },
      children: [{
```

```
              type: 'text',
              text: 'Hello World!'
          },
          {
            name: 'p',
            attrs: {
                style: 'font-size: 50px; color: green;'
            },
            children: [{
                type: 'text',
                text: 'ho ho'
            }]
          }]
        }]
    }
})
```

显示效果如图 3.3 所示。

图3.3　rich-text组件

在示例 3-3 中，用两种方式使用 rich-text，第一个 rich-text 组件的 nodes 属性值为 HTML 节点字符串，第二个 rich-text 组件的 nodes 属性值为数组，数组的每个元素都是一个节点。

3.1.4　进度条组件 progress

微信小程序提供了进度条组件，用来提升用户体验。在一些需要用户等待的地方，通过进度条可以使用户对程序执行进程有所了解，使用户能合理安排时间，缓解等待焦虑，提高用户的体验度。微信小程序 progress 组件提供了丰富的属性，使其能够适应各种不同的场景。表 3.4 展示了进度条组件 progress 的属性。

表 3.4　进度条组件 progress 的属性

属性名	类型	默认值	说明
percent	Float	无	百分比 0~100
show-info	Boolean	false	在进度条右侧显示百分比
border-radius	Number/ String	0	圆角大小，单位为 px（2.4.0 版本起支持 rpx）
font-size	Number/ String	16	右侧百分比字体大小，单位为 px（2.4.0 版本起支持 rpx）
stroke-width	Number/ String	6	进度条线的宽度，单位为 px（2.4.0 版本起支持 rpx）
color	Color	#09BB07	进度条颜色 （请使用 activeColor）
activeColor	Color		已选择的进度条的颜色
backgroundColor	Color		未选择的进度条的颜色
active	Boolean	false	进度条从左往右的动画
active-mode	String	backwards	backwards: 动画从头播；forwards：动画从上次结束点接着播
bindactiveend	EventHandle		动画完成事件

进度条组件 progress 的使用方式如示例 3-4 所示。

示例 3-4：

```
<view class="container">
    <progress percent="25" show-info />
    <progress percent="50" stroke-width="20"/>
    <progress percent="67" color="yellow" />
    <progress percent="88" />
    <progress percent="45" color="#3af" stroke-width="30" border-radius="15"/>
    <progress percent="88" active activeColor="red" backgroundColor="orange"></progress>
</view>
```

显示效果如图 3.4 所示。

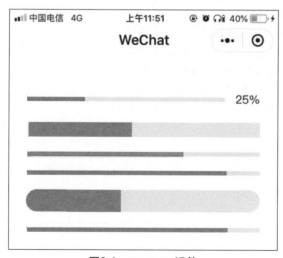

图3.4　progress组件

任务 3.2 掌握视图容器组件的使用

3.2.1 视图容器组件 view

视图容器组件 view 是微信小程序开发中最常用的组件之一，类似于 HTML 中的 div 标签，是做页面布局的主要容器。view 组件的属性如表 3.5 所示。

表 3.5　view 组件的属性

属性名	类型	默认值	说明
hover-class	String	none	指定按下去的样式类。当 hover-class="none" 时，没有单击态效果
hover-stop-propagation	Boolean	false	指定是否阻止本节点的祖先节点出现单击态
hover-start-time	Number	50	按住后多久出现单击态，单位为 ms
hover-stay-time	Number	400	手指松开后单击态保留时间，单位为 ms

写微信小程序页面布局时，经常会使用 flex 的布局方式，因为微信小程序运行在微信中，所以不用考虑浏览器兼容的问题，可以放心使用 flex 布局。flex 布局的使用如示例 3-5 所示。

示例 3-5：

index.wxml

```
<view class="container">
    <view style="font-size:24px;">flex 布局</view>
    <text>flex-direction:row</text>
    <view class="flex-row">
        <view class="flex-row-item color-red"></view>
        <view class="flex-row-item color-green"></view>
        <view class="flex-row-item color-blue"></view>
    </view>
    <text>flex-direction:column</text>
    <view class="flex-column">
        <view class="flex-column-item color-red"></view>
        <view class="flex-column-item color-green"></view>
        <view class="flex-column-item color-blue"></view>
    </view>
</view>

index.wxss
.container{
    display: block;
    text-align: center;
}
.flex-row{
```

```
  display: flex;
  flex-direction: row;
}

.flex-row-item{
  height: 100px;
  flex: 1;
}
.flex-column{
  display: flex;
  width: 100px;
  flex-direction: column;
}
.flex-column-item{
  flex: 1;
  height: 100px;
  width: 100px;
}
.color-red{
  background-color: rgb(255, 0, 119);
}
.color-green{
  background-color: rgb(28, 179, 28);
}
.color-blue{
  background-color: rgb(31, 166, 255);
}
```

示例 3-5 中使用 flex 进行了横向和纵向的布局，显示效果如图 3.5 所示。

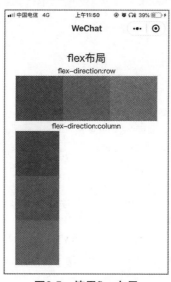

图3.5　使用flex布局

3.2.2　滚动视图容器组件 scroll-view

view 组件用来对页面的结构进行布局，如果要在页面中某一区域实现滚动效果，可以使用 scroll-view 组件，它支持横向和纵向的滚动。scroll-view 支持的属性如表 3.6 所示。

表 3.6　scroll-view 支持的属性

属性名	类型	默认值	说明
scroll-x	Boolean	false	允许横向滚动
scroll-y	Boolean	false	允许纵向滚动
upper-threshold	Number / String	50	距顶部/左边多远时（单位为 px，2.4.0 版本起支持 rpx）触发 scrolltoupper 事件
lower-threshold	Number / String	50	距底部/右边多远时（单位为 px，2.4.0 版本起支持 rpx）触发 scrolltolower 事件
scroll-top	Number / String		设置纵向滚动条位置（单位为 px，2.4.0 版本起支持 rpx）
scroll-left	Number / String		设置横向滚动条位置（单位为 px，2.4.0 版本起支持 rpx）
scroll-into-view	String		值应为某子元素 id（id 不能以数字开头）。设置哪个方向可滚动，则在哪个方向滚动到该元素
scroll-with-animation	Boolean	false	设置滚动条位置时使用动画过渡
enable-back-to-top	Boolean	false	iOS 单击顶部状态栏、安卓双击标题栏时，滚动条返回顶部，只支持竖向
bindscrolltoupper	EventHandle		滚动到顶部/左边，会触发 scrolltoupper 事件
bindscrolltolower	EventHandle		滚动到底部/右边，会触发 scrolltolower 事件
bindscroll	EventHandle		滚动时触发，event.detail = {scrollLeft, scrollTop, scrollHeight, scrollWidth, deltaX, deltaY}

使用纵向滚动时，需要为<scroll-view>设置一个固定高度，代码如示例 3-6 所示。

示例 3-6：

index.wxml

```
<view>
    <text>纵向滚动</text>
    <scroll-view scroll-y="true" style="height: 300rpx;" >
        <view    class="item red">1</view>
        <view    class="item yellow">2</view>
        <view    class="item blue">3</view>
    </scroll-view>
    <text>横向滚动</text>
    <scroll-view class="scroll_H" scroll-x="true" style="width: 100%">
        <view id="demo1" class="item_H blue">1</view>
        <view id="demo2"    class="item_H yellow">2</view>
        <view id="demo3" class="item_H red">3</view>
    </scroll-view>
</view>
```

（1）请勿在 scroll-view 中使用 textarea、map、canvas、video 组件。

（2）scroll-into-view 的优先级高于 scroll-top。

（3）滚动 scroll-view 时会阻止页面回弹，所以在 scroll-view 中滚动无法触发 onPullDownRefresh。

（4）若要刷新，请使用页面的滚动，而不是 scroll-view，这样也能通过单击顶部状态栏回到页面顶部。

上机练习——制作导航菜单

需求说明

使用 scroll-view 制作新闻应用导航栏，新闻频道有热点、关注、北京、生活、娱乐、居家、体育、健康、宠物、科技、互联网一共 11 个频道。要求通过 wx:for 渲染这些频道，效果如图 3.6 所示。

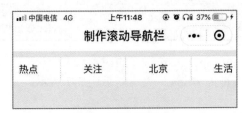

图3.6　滚动导航栏

3.2.3　轮播图组件 swiper

在应用开发的过程中，经常使用轮播图滚动展示一些图片。微信小程序提供了 swiper 组件，可以方便地实现这些功能。

swiper 组件分为两个部分：一个是外部的 swiper 组件；一个是嵌套在 swiper 内的 swiper-item 组件，并且 swiper 内也只能嵌套 swiper-item 组件。swiper 组件可以设置的属性如表 3.7 所示。

表 3.7　swiper 组件可以设置的属性

属性名	类型	默认值	说明
indicator-dots	Boolean	False	是否显示面板指示点
indicator-color	Color	rgba(0,0,0,0.3)	指示点颜色
indicator-active-color	Color	#000000	当前选中的指示点颜色
autoplay	Boolean	false	是否自动切换
current	Number	0	当前所在滑块的 index
current-item-id	String	""	当前所在滑块的 item-id，不能与 current 同时被指定
interval	Number	5000	自动切换时间间隔
duration	Number	500	滑动动画时长
circular	Boolean	false	是否采用衔接滑动

属性名	类型	默认值	说明
vertical	Boolean	false	滑动方向是否为纵向
previous-margin	String	"0px"	前边距，可用于露出前一项的一小部分，接受 px 和 rpx 值
next-margin	String	"0px"	后边距，可用于露出后一项的一小部分，接受 px 和 rpx 值
display-multiple-items	Number	1	同时显示的滑块数量
skip-hidden-item-layout	Boolean	false	是否跳过未显示的滑块布局，设为 true，可优化复杂情况下的滑动性能，但会丢失隐藏状态滑块的布局信息
bindchange	EventHandle		current 改变时会触发 change 事件，event. detail = {current: current, source: source}
bindtransition	EventHandle		swiper-item 的位置发生改变时会触发 transition 事件，event.detail = {dx: dx, dy: dy}
bindanimationfinish	EventHandle		动画结束时会触发 animationfinish 事件，event.detail 同上

嵌套在 swiper 内部的 swiper-item 组件的属性只有一个 item-id 属性，用来标识每个 swiper-item 的 id，其值类型为 string。代码如示例 3-7 所示。

示例 3-7：

index.wxml

```
<view>
  <swiper
   indicator-dots
   indicator-color="#000"
   indicator-active-color="#05f"
   autoplay
   interval="1000"
   circular
   >
    <block wx:for="{{banners}}" wx:key="*this">
        <swiper-item>
          <view class="swiper-item">
            <image src='{{item.url}}' mode="scaleToFill"></image>
          </view>
        </swiper-item>
    </block>
  </swiper>
</view>

index.js
Page({
  data: {
```

```
banners:[
    {url:"/public/imgs/bg1.jpg"},
    { url: "/public/imgs/bg2.jpg" },
    { url: "/public/imgs/bg3.jpg" }
]
}
})
```

示例 3-7 中有 3 张轮播图，指示点默认颜色是 "#000"，当前选中的指示点颜色为 "#05f"，轮播图会每隔 1s 自动播放，并且通过 circular 设置了循环播放。轮播图显示效果如图 3.7 所示。

图3.7　轮播图效果

任务 3.3　掌握导航组件的使用

开发微信小程序应用时经常涉及页面跳转，通过单击按钮或链接跳转到其他页面。在 HTML 中，可以使用 a 标签实现页面跳转。微信小程序中也有一个类似的组件 navigator。不过，navigator 有比 a 标签更多的属性，如表 3.8 所示。

表 3.8　navigator 组件的属性

属性名	类型	说明
target	String	在哪个目标上发生跳转，默认当前微信小程序，可选值为 self/miniProgram，默认值是 self
url	String	当前微信小程序内的跳转链接
open-type	String	跳转方式，默认为 navigate
delta	Number	当 open-type 为'navigateBack' 时有效，表示回退的层数
app-id	String	当 target="miniProgram"时有效，要打开的微信小程序 AppID
path	String	当 target="miniProgram"时有效，打开的页面路径，如果为空，则打开首页
extra-data	Object	当 target="miniProgram"时有效，需要传递给目标微信小程序的数据，目标微信小程序可在 App.onLaunch()、App.onShow() 中获取到这份数据

续表

属性名	类型	说明
bindsuccess	String	当 target="miniProgram"时有效，跳转微信小程序成功
bindfail	String	当 target="miniProgram"时有效，跳转微信小程序失败
bindcomplete	String	当 target="miniProgram"时有效，跳转微信小程序完成

navigator 组件有一个 open-type 属性，表示跳转方式。微信小程序跳转方式有 6 种，如表 3.9 所示。

表 3.9 微信小程序跳转方式

属性名	说明
navigate	对应 wx.navigateTo 或 wx.navigateToMiniProgram 的功能
redirect	对应 wx.redirectTo 的功能
switchTab	对应 wx.switchTab 的功能
reLaunch	对应 wx.reLaunch 的功能
navigateBack	对应 wx.navigateBack 的功能
exit	退出微信小程序，target="miniProgram"时生效

下面对 navigate、redirect、switchTab 和 navigateBack 这 4 种常用的跳转方式进行讲解。

3.3.1 navigate

这种方式保留当前页面，跳转到应用内的某个页面，但是不能跳到 tabBar 页面。路径后可以带参数。参数与路径之间使用？分隔，参数键与参数值用 = 相连，不同参数用 & 分隔，如'path?key=value&key2=value2'。这是开发中最常用的一种跳转方式，也是默认的跳转方式，如示例 3-8 所示。

示例 3-8：

index.wxml

```
<view class="container">
<navigator url='/pages/detail/detail?name=iphone&price=8888'>
  <view>
    <image mode='widthFix' src='/public/imgs/iphone.png'></image>
    <text>iPhoneX</text>
  </view>
</navigator>
</view>
```

detail.wxml

```
<view>
  <view>
      <text>名称：{{name}}</text>
  </view>
  <view>
      <text>价格：{{price}}</text>
```

```
</view>
```

示例 3-8 中，从首页跳转到详情页，同时带了两个参数 name 和 price，详情页里要获取传过来的参数，可以在 onLoad 生命周期函数里通过参数 option 获取。

也可以使用 wx.navigateTo 函数实现跳转。wx.navigateTo 的参数是一个对象，在对象里传入跳转的地址 url，跳转成功回调 success，跳转失败回调 fail，跳转完成回调 complete。例如，sample.wxml 页面中有一个按钮，单击按钮跳转到 navigate.wxml 就可以这么做，如示例 3-9 所示。

示例 3-9：

sample.wxml

```
<button bindtap='navigateTo'>单击按钮，执行 wx.navigateTo</button>
```

sample.js

```
Page({
 navigateTo: function(){
    wx.navigateTo({
        url: '/pages/navigate/navigate?title=navigate',
        success: function(){
        console.log('跳转成功')
        },
        fail: function(){
        console.log('跳转失败')
        },
        complete: function(){
        console.log('跳转完成')
        }
    })
 }
})
```

3.3.2　redirect

这种方式关闭当前页面，跳转到应用内的某个页面，但是不允许跳转到 tabBar 页面。这种方式的跳转无法通过 navigateBack 返回。redirect 的方式跳转也有标签跳转和代码跳转两种执行方式，如示例 3-10 所示。

示例 3-10：

```
<navigator url="/pages/redirect/redirect?title=redirect" open-type="redirect">
    在当前页打开
</navigator>
```

或者使用 wx.redirectTo 跳转，代码如下。

```
redirectTo: function(){
    wx.redirectTo({
      url: '/pages/redirect/redirect?title=redirect',
    })
  }
```

3.3.3 switchTab

这种方式跳转到 tabBar 页面，并关闭其他所有非 tabBar 页面。使用这种方式跳转需要事先在 app.json 中定义好 tabBar，如示例 3-11 所示。

示例 3-11：

```
app.json
{
  "pages":[
    "pages/sample/sample",
    "pages/index/index",
    "pages/navigate/navigate",
    "pages/redirect/redirect",
    "pages/logs/logs"
  ],
  "window":{
    "backgroundTextStyle":"light",
    "navigationBarBackgroundColor": "#fff",
    "navigationBarTitleText": "WeChat",
    "navigationBarTextStyle":"black"
  },
  "tabBar": {
    "list": [
      {
        "pagePath": "pages/index/index",
        "text": "首页"
      },
      {
        "pagePath": "pages/logs/logs",
        "text": "其他"
      }
    ]
  }
}
sample.wxml
<navigator open-type='switchTab' url='/pages/index/index'>
    跳转到其他 tab
</navigator>
<button bindtap='switchTab'>单击按钮，执行 wx.switchTab，跳转到其他 tab</button>
sample.js
Page({
  ...省略其他代码
  switchTab: function(){
    wx.switchTab({
      url: '/pages/index/index',
```

```
    })
  }
})
```

示例 3-11 中，首先在 app.json 的 tabBar 配置项中配置好 index 页和 logs 页，并且在 pages 配置项中设置 sample 为首页。然后在 sample 页面中单击 "跳转到其他 tab" 链接或按钮跳转到 index 页。需要注意的是，通过 switchTab 的方式跳转页面，url 上不能带参数。

3.3.4　navigateBack

这种方式关闭当前页面，返回上一页面或多级页面。可通过 getCurrentPages() 获取当前的页面栈，决定需要返回几层。

wx.navigateBack 是以代码的形式执行返回。参数也是一个 Object，不过它的第一个参数不是 url，而是 delta，表示返回的页面数。如果 delta 大于现有页面数，则返回到首页。

例如，从 A 页面通过 navigate 的方式跳转到 B 页面，又跳转到 C 页面。在 C 页面执行 wx.navigateBack，delta=2 时就会返回到 A 页面。修改一下示例 3-8 的代码，在 detail.wxml 上添加返回链接，代码如下。

```
<navigator open-type='navigateBack'>返回上一页</navigator>
```

当页面从 index 跳转到 detail 后，除了单击 detail 左上角的返回箭头，单击页面的 "返回上一页" 链接也可以返回首页。通过执行代码返回上一页如示例 3-12 所示。

示例 3-12：

```
detail.wxml
<navigator open-type='navigateBack'>返回上一页</navigator>
<button bindtap='navigateBack'>返回上一页</button>
detail.js
Page({
  onLoad(options) {
    this.setData({
      name: options.name,
      price:options.price
    })
  },
  navigateBack: function(){
    wx.navigateBack({
      delta: 1
    })
  }
})
```

任务 3.4　掌握媒体组件的使用

媒体组件有图片组件 image、视频组件 video 和音频组件 audio。使用媒体组件可以开发出功能丰富的微信小程序。

3.4.1 图片组件 image

在微信小程序应用的开发过程中经常会显示图片。HTML 中是通过 img 标签显示图片的。微信小程序提供了一个类似功能的组件 image。image 组件也有一个 src 属性，用来设置图片地址。image 组件的属性如表 3.10 所示。

表 3.10 image 组件的属性

属性名	类型	默认值	说明
src	String		图片资源地址，支持云文件 ID（基础库从 2.2.3 版本起）
mode	String	'scaleToFill'	图片裁剪、缩放的模式
lazy-load	Boolean	false	图片懒加载。只针对 page 与 scroll-view 下的 image 有效
binderror	HandleEvent		当错误发生时，发布到 AppService 的事件名，事件对象 event.detail = {errMsg: 'something wrong'}
bindload	HandleEvent		当图片载入完毕时，发布到 AppService 的事件名，事件对象 event.detail = {height:'图片高度 px', width:'图片宽度 px'}

在这些属性中，除 src 设置地址外，mode 也是经常需要设置的属性。这个属性用来设置图片的适应模式，默认值是 scaleToFill，表示不保持纵横比缩放图片，使图片的宽高完全拉伸至填满 image 元素。

image 的 mode 属性一共有 13 个值，其中 4 个是缩放模式，9 个是裁剪模式，如表 3.11 所示。

表 3.11 image 组件的图片适应模式

属性名	类型	说明
缩放	scaleToFill	不保持纵横比缩放图片，使图片的宽高完全拉伸至填满 image 元素
缩放	aspectFit	保持纵横比缩放图片，使图片的长边能完全显示出来。也就是说，可以完整地将图片显示出来
缩放	aspectFill	保持纵横比缩放图片，只保证图片的短边能完全显示出来。也就是说，图片通常只在水平或垂直方向是完整的，另一个方向将会发生截取
缩放	widthFix	宽度不变，高度自动变化，保持原图宽高比不变
裁剪	top	不缩放图片，只显示图片的顶部区域
裁剪	bottom	不缩放图片，只显示图片的底部区域
裁剪	center	不缩放图片，只显示图片的中间区域
裁剪	left	不缩放图片，只显示图片的左边区域
裁剪	right	不缩放图片，只显示图片的右边区域
裁剪	top left	不缩放图片，只显示图片的左上边区域
裁剪	top right	不缩放图片，只显示图片的右上边区域
裁剪	bottom left	不缩放图片，只显示图片的左下边区域
裁剪	bottom right	不缩放图片，只显示图片的右下边区域

代码示例如下。

示例 3-13：

```
<view>
  <text> image 组件示例 3- </text>
```

```
<view>
    <image mode="scaleToFill" class='img' src="/public/imgs/dog.jpg"></image>
    <image mode="aspectFit" class='img' src="/public/imgs/dog.jpg"></image>
    <image mode="aspectFill" class='img' src="/public/imgs/dog.jpg"></image>
    <image mode="widthFix" class='img' src="/public/imgs/dog.jpg"></image>
    <image mode="top" class='img' src="/public/imgs/dog.jpg"></image>
</view>
</view>
```

image 组件设置了相同的 class，宽高都是 200px，代码如下：

```
.img{
    width: 200px;
    height: 200px;
}
```

显示效果如图 3.8～图 3.13 所示。

图3.8　原图

图3.9　scaleToFill缩放模式

图3.10　aspectFit缩放模式

图3.11　aspectFill缩放模式

图3.12　widthFix缩放模式

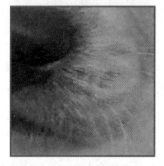

图3.13　center裁剪模式

image 的图片缩放和裁剪模式一共有 13 种,案例中只演示了其中 5 种,请根据表 3.11,分别测试其他几种模式。

3.4.2 视频组件 video

video 组件是用来在微信小程序播放视频的组件,可以控制是否显示播放控件(播放、暂停、播放进度、时间),还可以实现发送弹幕功能。video 组件的默认宽度为 300px、高度为 225px,可以通过 WXSS 设置宽高。

video 组件的属性多达 27 个,通过对属性的设置,可以配置出功能丰富、强大的视频播放器。表 3.12 列出了 video 组件常用的属性。

表 3.12　video 组件常用的属性

属性名	类型	默认值	说明
id	String		video 组件的唯一标识符
src	String		要播放视频的资源地址,支持云文件 ID(2.2.3 版本起)
initial-time	Number		指定视频的初始播放位置
duration	Number		指定视频时长
controls	Boolean	true	是否显示默认播放控件(播放/暂停按钮、播放进度、时间)
danmu-list	Object Array		弹幕列表
danmu-btn	Boolean	false	是否显示弹幕按钮,只在初始化时有效,不能动态变更
enable-danmu	Boolean	false	是否展示弹幕,只在初始化时有效,不能动态变更
autoplay	Boolean	false	是否自动播放
controls	Boolean	true	是否显示默认播放控件(播放/暂停按钮、播放进度、时间)
loop	Boolean	false	是否循环播放
muted	Boolean	false	是否静音播放
objectFit	String	contain	当视频大小与 video 容器大小不一致时,视频的表现形式。contain:包含,fill:填充,cover:覆盖
poster	String		视频封面的图片网络资源地址或云文件 ID(2.2.3 版本起支持)。如果 controls 属性值为 false,则设置 poster 无效
bindplay	EventHandle		当开始/继续播放时触发 play 事件
bindpause	EventHandle		当暂停播放时触发 pause 事件
bindended	EventHandle		当播放到末尾时触发 ended 事件
bindfullscreenchange	EventHandle		视频进入和退出全屏时触发,event.detail = {fullScreen, direction},direction 取 vertical 或 horizontal
bindprogress	EventHandle		加载进度变化时触发,只支持一段加载。event.detail = {buffered},百分比

示例 3-14 是一个有弹幕功能的视频播放示例。

示例 3-14:

index.wxml

```
<view class="container">
    <video id="myVideo" src="{{src}}"
```

```
        danmu-list="{{danmuList}}"   enable-danmu danmu-btn
      binderror="videoErrorCallback"></video>
        <view class='control'>
          <button bindtap="bindPlay" >播放</button>
          <button bindtap="bindPause" >暂停</button>
        </view>
  </view>
```

index.js
```
Page({
  onReady: function (res) {
    this.videoContext = wx.createVideoContext('myVideo')
  },
  inputValue: '',
  data: {
    src: 'http://wxsnsdy.tc.qq.com/105/20210/snsdyvideodownload?filekey=30280201010421301f0201
690402534804102ca905ce620b1241b726bc41dcff44e00204012882540400&bizid=1023&hy=SH&fileparam=3
02c020101042530230204136ffd93020457e3c4ff02024ef202031e8d7f02030f42400204045a320a0201000400',
    danmuList: [
      {
        text: '第 1s 出现的弹幕',
        color: '#ff0000',
        time: 1
      },
      {
        text: '第 3s 出现的弹幕',
        color: '#ff00ff',
        time: 3
      }]
  },

  bindPlay: function () {
    this.videoContext.play()
  },
  bindPause: function () {
    this.videoContext.pause()
  },
  videoErrorCallback: function (e) {
    console.log('视频错误信息:')
    console.log(e.detail.errMsg)
  }
})
```
视频播放效果如图 3.14 所示。

图3.14　视频播放效果

video 组件上下文对象 videoContext，可通过 wx.createVideoContext 获取。给 video 添加一个 id 属性，在 wx.createVideoContext 函数里传入 video 的 id。video 的 id 需要事先设置好。从示例 3-14 中可以看到，给 video 添加了 id="myVideo"，然后在 index.js 的 onReady 函数内，通过 this.videoContext = wx.createVideoContext('myVideo')获取到 video 的上下文对象 videoContext。之后就使用 videoContext 实现控制视频播放、暂停、跳转、发送弹幕等功能。videoContext 的方法如表 3.13 所示。

表 3.13　videoContext 的方法

方法名	参数	说明
play		播放视频
stop		停止视频
pause		暂停视频
seek	Number	跳转到指定位置
sendDanmu	Object	发送弹幕
playbackRate	Number	设置倍速播放
requestFullScreen	Object	进入全屏
exitFullScreen		退出全屏
showStatusBar		显示状态栏，仅在 iOS 全屏下有效
hideStatusBar		隐藏状态栏，仅在 iOS 全屏下有效

用户发送弹幕，可以首先获取到用户的输入，然后调用 sendDanmu 函数。传入 sendDanmu 参数的对象有两个属性：一个是弹幕的内容；一个是弹幕的颜色。发送弹幕示例如下。

```
this.videoContext.sendDanmu({
    text:"hello world",
    color:"#f00"
})
```

3.4.3　音频组件 audio

音频组件 audio 和组件 video 类似，根据 id 使用 wx.createAudioContext('myAudio') 获得 audio 的上下文实例对象。audio 组件的属性如表 3.14 所示。

表 3.14　audio 组件的属性

属性名	类型	默认值	说明
id	String		audio 组件的唯一标识符
src	String		要播放音频的资源地址
loop	Boolean	false	是否循环播放
controls	Boolean	false	是否显示默认控件
poster	String		默认控件上的音频封面的图片资源地址，如果 controls 的属性值为 false，则设置 poster 无效
name	String	未知音频	默认控件上的音频名字，如果 controls 的属性值为 false，则设置 name 无效
author	String	未知作者	默认控件上的作者名字，如果 controls 的属性值为 false，则设置 author 无效
binderror	EventHandle		当发生错误时触发 error 事件，detail = {errMsg: MediaError.code}
bindplay	EventHandle		当开始/继续播放时触发 play 事件
bindpause	EventHandle		当暂停播放时触发 pause 事件
bindtimeupdate	EventHandle		当播放进度改变时触发 timeupdate 事件，detail = {currentTime, duration}
bindended	EventHandle		当播放到末尾时触发 ended 事件

代码示例如示例 3-15 所示。

示例 3-15：

index.wxml

```
<view style='padding:20px;'>
  <audio
    poster="{{poster}}"
    name="{{name}}"
    author="{{author}}"
    src="{{src}}"
    id="myAudio"
    controls
    loop
  ></audio>

  <button type="primary" bindtap="audioPlay">播放</button>
  <button type="primary" bindtap="audioPause">暂停</button>
  <button type="primary" bindtap="audio14">设置当前播放时间为 14 秒</button>
  <button type="primary" bindtap="audioStart">回到开头</button>
</view>
```

```
index.js
Page({
  onReady(e) {
    // 使用 wx.createAudioContext 获取 audio 上下文 context
    this.audioCtx = wx.createAudioContext('myAudio')
  },
  data: {
    poster: 'http://y.gtimg.cn/music/photo_new/T002R300x300M000003rsKF44GyaSk.jpg?max_age=2592000',
    name: '此时此刻',
    author: '许巍',
    src: 'http://ws.stream.qqmusic.qq.com/M500001VfvsJ21xFqb.mp3?guid=ffffffff82def4af4b12b3cd93
37d5e7&uin=346897220&vkey=6292F51E1E384E06DCBDC9AB7C49FD713D632D313AC4858BACB8D
DD29067D3C601481D36E62053BF8DFEAF74C0A5CCFADD6471160CAF3E6A&fromtag=46',
  },
  audioPlay() {
    this.audioCtx.play()
  },
  audioPause() {
    this.audioCtx.pause()
  },
  audio14() {
    this.audioCtx.seek(14)
  },
  audioStart() {
    this.audioCtx.seek(0)
  }
})
```

音频播放效果如图 3.15 所示。

图3.15　音频播放效果

任务 3.5　掌握地图组件的使用

地图组件用来开发与地图有关的应用，如共享单车、美团点评、滴滴打车、查看附近电影院订票软件、外卖送餐轨迹等都会用到地图组件。在地图组件上可以标记覆盖物以及指定一系列的坐标位置，如某个自行车或餐厅的位置，如图 3.16 所示。

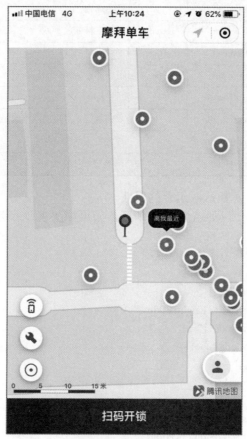

图3.16　单车位置

map 组件的属性有很多，这里列出常用的属性，如表 3.15 所示。

表 3.15　map 组件常用的属性

属性名	类型	默认值	说明
longitude	Number		中心经度
latitude	Number		中心纬度
scale	Number	16	缩放级别，取值范围为 5～18
markers	Array		标记点
covers	Array		即将移除，请使用 markers
polyline	Array		路线

续表

属性名	类型	默认值	说明
circles	Array		圆
include-points	Array		缩放视野，以包含所有给定的坐标点
show-location	Boolean		显示带有方向的当前定位点
show-compass	Boolean	false	显示指南针
enable-overlooking	Boolean	false	开启俯视
enable-zoom	Boolean	true	是否支持缩放
enable-scroll	Boolean	true	是否支持拖动
enable-rotate	Boolean	false	是否支持旋转
bindmarkertap	EventHandle		单击标记点时触发，会返回 marker 的 id
bindcallouttap	EventHandle		单击标记点对应的气泡时触发，会返回 marker 的 id
bindregionchange	EventHandle		视野发生变化时触发
bindtap	EventHandle		单击地图时触发

扫描二维码，查看更多 map 组件的属性。

地图组件使用示例代码如示例 3-16 所示，效果如图 3.17 所示。

map组件的属性

示例 3-16：

index.wxml

```
<view class="container">
    <map
        style="width: 100%; height: 300px;"
        latitude="{{latitude}}"
        longitude="{{longitude}}"
        scale="{{14}}"
        markers="{{markers}}"
        enable-3D
        show-compass="{{showCompass}}"
        show-location="{{showLocation}}"
        enable-zoom
        enable-rotate
        enable-overlooking
        enable-scroll
    >
    </map>
</view>
index.js
Page({
  data: {
    latitude: 40.011516,
    longitude: 116.31059,
    markers: [{
```

```
        latitude: 40.011516,
        longitude: 116.31059,
        name: '圆明园'
    }],
    enable3d: true,
    showCompass: true,
    showLocation:true,
    enableOverlooking: true
},
toggle3d() {
    this.setData({
        enable3d: !this.data.enable3d
    })
}
})
```

图3.17　map组件

任务 3.6　掌握表单组件的使用

微信小程序提供了丰富的表单组件，包括 button、checkbox、input、label、picker、picker-view、radio、slider、switch、textarea 和 form 共 11 个组件。

3.6.1　button 组件

button（按钮）组件是项目中经常使用到的一个组件。有 3 种类型的按钮：primary

基本类型按钮、default 默认类型按钮和 warn 警告类型按钮，并且有 default 默认尺寸和 mini 小尺寸两种大小的按钮。除此之外，button 还有很多属性可以设置，如表 3.16 所示。

表 3.16　button 组件的属性

属性名	类型	默认值	说明
size	String	default	按钮的大小
type	String	default	按钮的样式类型
plain	Boolean	false	按钮是否镂空，背景色透明
disabled	Boolean	false	是否禁用
loading	Boolean	false	名称前是否带 loading 图标
form-type	String		用于 <form> 组件，单击分别会触发 <form> 组件的 submit/reset 事件
open-type	String		微信开放能力
hover-class	String	button-hover	指定按钮按下的样式类。当 hover-class="none" 时，没有单击态效果
bindgetUserInfo	Handler		用户单击该按钮时，会返回获取到的用户信息，回调的 detail 数据与 wx.getUserInfo 返回的一致

1. type、size 和 plain 属性

示例 3-17 是设置 button 的 type、size 和 plain 属性的代码。

示例 3-17：

```
<view style='padding:20px;'>
  <view class='button-group'>
    <!-- size 为 default 默认大小 -->
    <button type="default">default</button>
    <button type="primary">default</button>
    <button type="warn">default</button>
  </view>
  <view class='button-group'>
    <!-- 设置为镂空按钮 -->
    <button type="default" plain>default</button>
    <button type="primary" plain>default</button>
    <button type="warn" plain>default</button>
  </view>
  <view class='button-group'>
    <!-- size 为 mini 小尺寸大小 -->
    <button type="default" size="mini">default</button>
    <button type="primary" size="mini">default</button>
    <button type="warn" size="mini">default</button>
  </view>
</view>
```

显示效果如图 3.18 所示。

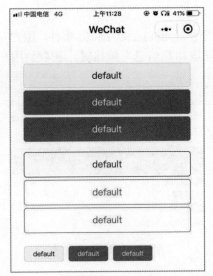

图3.18 设置button的type、size和plain属性

2. form-type 属性

通过设置 button 的 open-type 属性，可以使用微信的开发能力，如获取用户信息、获取用户手机号回调、显示会话内消息卡片等，如示例 3-18 所示。

示例 3-18：

```
index.wxml
<view style='padding:20px;'>
    <button type='primary'    open-type='getUserInfo'
    bindgetUserInfo="getUserInfo">获取用户信息</button>
    <view>姓名:{{userInfo.nickName}}</view>
    <view>性别:{{userInfo.gender}}</view>
    <view>国籍:{{userInfo.country}}</view>
    <view>地区：{{userInfo.province}}</view>
</view>
index.js
Page({
  data: {
    userInfo:{}
  },
  getUserInfo: function(e){
    console.log(e.detail.errMsg)
    console.log(e.detail.userInfo)
    console.log(e.detail.rawData)
    var userInfo = e.detail.userInfo;
    userInfo.gender = userInfo.gender == 1 ? "男" : "女";
    this.setData({
        userInfo: userInfo
    })
  }
```

3
Chapter

})

在示例 3-18 中，给按钮绑定 bindgetUserInfo 事件，用户单击有该事件的按钮，就会返回用户信息。当单击"获取用户信息"按钮时，获取到用户信息，展示在页面中，如图 3.19 所示。

图3.19　获取用户信息

3.6.2　checkbox 组件

checkbox（复选框）组件在进行多项选择时会用到。checkbox 组件的属性如表 3.17 所示。

表 3.17　checkbox 组件的属性

属性名	类型	默认值	说明
value	String		\<checkbox\>标识，选中时触发\<checkbox-group\>的 change 事件，并携带 \<checkbox\> 的 value
disabled	Boolean	false	是否禁用
checked	Boolean	false	当前是否选中，可用来设置默认选中
color	Color		checkbox 的颜色，同 CSS 的 color

在有多项选择的时候，需要结合 checkbox-group 组件使用，包裹在 checkbox 组件外。代码如示例 3-19 所示。

示例 3-19：

index.wxml

```
<checkbox-group bindchange="checkboxChange">
  <view wx:for="{{items}}">
    <label>
      <checkbox value="{{item.name}}" checked="{{item.checked}}" />
      {{item.value}}
    </label>
  </view>
</checkbox-group>
```

index.js

```
Page({
  data: {
    items: [
      { name: 'draw', value: '绘画' },
```

```
        { name: 'music', value: '音乐', checked: 'true' },
        { name: 'dance', value: '跳舞' },
        { name: 'chess', value: '下棋' },
        { name: 'sing', value: '唱歌' },
        { name: 'run', value: '跑步' },
      ]
    },
    checkboxChange(e) {
      console.log('checkbox 发生 change 事件，携带 value 值为：', e.detail.value)
    }
  })
```

效果如图 3.20 所示。

图3.20　checkbox组件

3.6.3　input 组件

input（输入框）组件是表单中最常用的组件。登录、注册、搜索框等页面都需要用到 input 组件。表 3.18 列出了 input 组件的属性。

表 3.18　input 组件的属性

属性名	类型	默认值	说明
value	String		输入框的初始内容
type	String	"text"	input 的类型
password	Boolean	false	是否是密码类型
placeholder	String		输入框为空时占位符
placeholder-style	String		指定 placeholder 的样式
disabled	Boolean	false	是否禁用
maxlength	Number	140	最大输入长度，设置为-1 的时候不限制最大长度
focus	Boolean	false	获取焦点
confirm-type	String	"done"	设置键盘右下角按钮的文字，仅在 type='text'时生效
confirm-hold	Boolean	false	单击键盘右下角按钮时是否保持键盘不收起
adjust-position	Boolean	true	键盘弹起时，是否自动上推页面
bindinput	EventHandle		键盘输入时触发，event.detail = {value, cursor, keyCode}，keyCode 为键值，处理函数可以直接返回一个字符串，替换输入框中的内容

续表

属性名	类型	默认值	说明
bindfocus	EventHandle		输入框聚焦时触发，event.detail = { value, height }，height 为键盘高度，从基础库 1.9.90 版本起支持
bindblur	EventHandle		输入框失去焦点时触发，event.detail = {value: value}
bindconfirm	EventHandle		单击完成按钮时触发，event.detail = {value: value}

input 的 type 有 4 种类型，分别是 text 文本类型、number 数字类型、idcard 身份证、digit 数字键盘。

还可以对键盘右下角的按钮的文本进行设置，可以设置的有效值为 send、search、next、go、done。

input 组件的使用方法如示例 3-20 所示。

示例 3-20：

index.wxml

```
<view class="section">
    <input placeholder="这个只有在按钮单击的时候才聚焦" focus/>
</view>
<view class="section">
    <input maxlength="10" placeholder="最大输入长度 10"/>
</view>
<view class="section">
    <view class="section__title">你输入的是：{{inputValue}}</view>
    <input bindinput="bindKeyInput" placeholder="输入同步到 view 中"/>
</view>
<view class="section">数字密码：<input password type="number"/></view>
<view class="section">字符串密码：<input password type="text"/></view>
<view class="section"><input type="digit" placeholder="带小数点的数字键盘"/></view>
<view class="section"><input type="idcard" placeholder="身份证输入键盘"/></view>
<view class="section">
<input placeholder-style="color:red" placeholder="占位符字体是红色的"/></view>
```

index.js

```
Page({
    data: {
        inputValue: ''
    },
    bindKeyInput(e) {
        this.setData({
            inputValue: e.detail.value
        })
    }
})
```

示例 3-20 效果如图 3.21 所示。

图3.21 input组件

3.6.4 label 组件

label 组件用来改进表单组件的可用性，使用 for 属性找到对应的 id，或者将控件放在该标签下，单击时，就会触发对应的控件。

for 的优先级高于内部控件，内部有多个控件时默认触发第一个控件。

目前可以绑定的控件有<button> <checkbox> <radio> <switch>。

示例 3-19 中就用了 label 组件，单击多选框对应的文字而不必单击多选框就可以选中此多选框。

3.6.5 picker 组件

picker（选择器）组件可以很方便地在移动端选择地区、时间和其他自定义选项。当单击选择器时，会从底部弹起滚动选择器。微信小程序的选择器组件支持普通选择器、多列选择器、时间选择器、日期选择器、省市区选择器 5 种类型，默认为普通选择器。

选择器通过 mode 属性类区分。不同的选择器有不同的属性。表 3.17～表 3.21 是 5 种选择器的属性。

当 mode = selector 时是普通选择器，普通选择器的属性如表 3.19 所示。

表 3.19 普通选择器的属性

属性名	类型	默认值	说明
range	Array/ Object Array	[]	mod 为 selector 或 multiSelector 时，range 有效
range-key	String		当 range 是一个 Object Array 时，通过 range-key 指定 Object 中 key 的值作为选择器显示内容
value	Number	0	value 的值表示选择了 range 中的第几个（下标从 0 开始）
bindchange	EventHandle		value 改变时触发 change 事件，event.detail = {value: value}
disabled	Boolean	false	是否禁用
bindcancel	EventHandle		取消选择或点遮罩层收起 picker 时触发

当 mode = multiSelector 时是多列选择器，多列选择器的属性如表 3.20 所示。

表 3.20　多列选择器的属性

属性名	类型	默认值	说明
range	二维 Array/二维 Object Array	[]	mode 为 selector 或 multiSelector 时，range 有效。二维数组，长度表示多少列，数组的每项表示每列的数据，如 [["a","b"], ["c","d"]]
range-key	String		当 range 是一个二维 Object Array 时，通过 range-key 指定 Object 中 key 的值作为选择器显示内容
value	Array	[]	value 每项的值表示选择了 range 对应项中的第几个（下标从 0 开始）
bindchange	EventHandle		value 改变时触发 change 事件，event.detail = {value: value}
bindcolumnchange	EventHandle		某一列的值改变时触发 columnchange 事件，event.detail = {column: column, value: value}，column 的值表示改变了第几列（下标从 0 开始），value 的值表示变更值的下标
bindcancel	EventHandle		取消选择时触发
disabled	Boolean	false	是否禁用

当 mode = time 时是时间选择器，时间选择器的属性如表 3.21 所示。

表 3.21　时间选择器的属性

属性名	类型	默认值	说明
value	String		表示选中的时间，格式为"hh:mm"
start	String		表示有效时间范围的开始，字符串格式为"hh:mm"
end	String		表示有效时间范围的结束，字符串格式为"hh:mm"
bindchange	EventHandle		value 改变时触发 change 事件，event.detail = {value: value}
bindcancel	EventHandle		取消选择时触发
disabled	Boolean	false	是否禁用

当 mode = date 时是日期选择器，日期选择器的属性如表 3.22 所示。

表 3.22　日期选择器的属性

属性名	类型	默认值	说明
value	String	0	表示选中的日期，格式为"YYYY-MM-DD"
start	String		表示有效日期范围的开始，字符串格式为"YYYY-MM-DD"
end	String		表示有效日期范围的结束，字符串格式为"YYYY-MM-DD"
fields	String	day	有效值 year,month,day，表示选择器的粒度
bindchange	EventHandle		value 改变时触发 change 事件，event.detail = {value: value}
bindcancel	EventHandle		取消选择时触发
disabled	Boolean	false	是否禁用

当 mode = region 时是省市区选择器，省市区选择器的属性如表 3.23 所示。

表 3.23　省市区选择器的属性

属性名	类型	默认值	说明
value	Array	[]	表示选中的省市区，默认选中每列的第一个值
custom-item	String		可为每列的顶部添加一个自定义的项
bindchange	EventHandle		value 改变时触发 change 事件，event.detail = {value: value, code: code, postcode: postcode}，其中字段 code 是统计用区划代码，postcode 是邮政编码
bindcancel	EventHandle		取消选择时触发
disabled	Boolean	false	是否禁用
value	Array	[]	表示选中的省市区，默认选中每列的第一个值
custom-item	String		可为每列的顶部添加一个自定义的项

下面以日期选择器为例，演示如何使用 picker 组件，如示例 3-21 所示。

示例 3-21：

```
index.wxml
<view >
    <view >时间选择器</view>
    <picker
        mode="time"
        value="{{time}}"
        start="09:01"
        end="21:01"
        bindchange="bindTimeChange"
    >
        <view>当前选择: {{time}}</view>
    </picker>
</view>
index.js
Page({
    data: {
        time: '12:21'
    },
    bindTimeChange(e) {
        console.log('picker 发送选择改变，携带值为', e.detail.value)
        this.setData({
            time: e.detail.value
        })
    }
})
```

在示例 3-21 中设置了 picker 的时间取值范围为 09:01～21:01，如果选择时间小于 09:01，结果会是 09:01。同样，如果选择时间大于 21:01，最后的结果最大也只能是 21:01，效果如图 3.22 所示。

图3.22　picker组件

3.6.6　picker-view 组件

　　和 picker 组件不同，picker-view 组件可以嵌入页面，不通过单击弹出。picker-view 由两部分组成：一个是外层的<picker-view>；一个是嵌入其中的<picker-view-column/>。picker-view 组件的属性如表 3.24 所示。

表 3.24　picker-view 组件的属性

属性名	类型	说明
value	NumberArray	数组中的数字依次表示 picker-view 内的 picker-view-column 选择的第几项（下标从 0 开始），数字大于 picker-view-column 可选项长度时，选择最后一项
indicator-style	String	设置选择器中间选中框的样式
indicator-class	String	设置选择器中间选中框的类名
mask-style	String	设置蒙层的样式
mask-class	String	设置蒙层的类名
bindchange	EventHandle	当滚动选择，value 改变时触发 change 事件，event.detail = {value: value}；value 为数组，表示 picker-view 内的 picker-view-column 当前选择的是第几项（下标从 0 开始）
bindpickstart	EventHandle	当滚动选择开始时触发事件
bindpickend	EventHandle	当滚动选择结束时触发事件

　　示例 3-22 是一个 pick-view 组件的使用示例。

　　示例 3-22：

index.wxml

<view>

　　<view>你选择的是：{{value}}区</view>

```
    <picker-view
        indicator-style="height: 50px;"
        style="width: 100%; height: 300px;"
        value="{{value}}"
        bindchange="bindChange"
    >
        <picker-view-column>
            <view wx:for="{{region}}" style="line-height: 50px">{{item}}区</view>
        </picker-view-column>
    </picker-view>
</view>
index.js
Page({
    data: {
        value:"海淀",
        region:[
            "海淀","朝阳","东城","西城","昌平","丰台","大兴","房山","门头沟","石景山","顺义","延庆","怀柔","密云","通州"
        ]
    },
    bindChange(e) {
        console.log(e)
        const val = e.detail.value
        var value = this.data.region[val];
        this.setData({
            value: value
        })
    }
})
```

3.6.7 radio 组件

radio（单项选择器）组件也是表单中常用的组件，用来在多个选项中选出一个，选项之间是互斥的关系。例如，性别的选择。radio 组件的属性如表 3.25 所示。

表 3.25　radio 组件的属性

属性名	类型	默认值	说明
value	String		\<radio\> 标识。当该\<radio\>选中时，\<radio-group\>的 change 事件会携带\<radio\>的 value
checked	Boolean	false	当前是否选中
disabled	Boolean	false	是否禁用
color	Color		radio 的颜色，同 CSS 的 color

radio 选项的外层由\<radio-group\>包裹，\<radio-group\>里有多个\<radio\>，如示例 3-23 所示。

示例 3-23:

index.wxml

```
<view>
<radio-group    bindchange="radioChange">
    <view><radio value="html">HTML</radio></view>
    <view><radio value="css">CSS</radio></view>
    <view><radio value="js">JavaScript</radio></view>
    <view><radio value="mnp">微信小程序</radio></view>
</radio-group>
</view>
```

index.js

```
Page({
    radioChange: function(e){
        console.log('radio 发生 change 事件，携带 value 值为：', e.detail.value)
    }
})
```

单击任一选项，可以在调试器中看到输出结果，如图 3.23 所示。

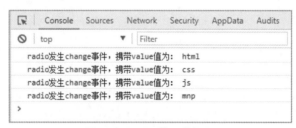

图3.23　radio单项选择器

3.6.8　slider 组件

slider（滑动选择器）组件，俗称滑杆，是一种通过拖动实现数值选择的组件，可用来控制音量大小、播放进度、缩放比例等。微信小程序的 slider 组件通常有丰富的属性可以设置，如表 3.26 所示。

表 3.26　slider 组件的属性

属性名	类型	默认值	说明
min	Number	0	最小值
max	Number	100	最大值
step	Number	1	步长，取值必须大于 0，并且可被(max−min)整除
disabled	Boolean	false	是否禁用
value	Number	0	当前取值
activeColor	Color	#1aad19	已选择的颜色
backgroundColor	Color	#e9e9e9	背景条的颜色
block-size	Number	28	滑块的大小，取值范围为12~28
block-color	Color	#ffffff	滑块的颜色

续表

属性名	类型	默认值	说明
show-value	Boolean	false	是否显示当前 value
bindchange	EventHandle		完成一次拖动后触发的事件，event.detail = {value: value}
bindchanging	EventHandle		拖动过程中触发的事件，event.detail = {value: value}

示例 3-24 代码如下。

示例 3-24：

index.wxml
```
<view>
  <text >缩放比例为：  {{value}}%</text>
  <view >
    <slider bindchange="sliderChange"
    min="10"
    max="100"
    step="2"
    show-value
    activeColor="red"
    backgroundColor="green"/>
  </view>
</view>
```
index.js
```
Page({
  data:{
    value:0
  },
  sliderChange: function(e){
    console.log('slider 发生 change 事件，携带值为', e.detail.value)
    this.setData({
      value: e.detail.value
    })
  }
})
```

在示例 3-24 中，设置 slider 组件的最小取值为 10，最大取值为 100，步长为 2，也就是每次滑动会增加或较少 2，背景颜色为绿色，滑过部分颜色为红色，并且在滑杆最后显示当前的值。

3.6.9　switch 组件

switch（开关选择器）组件的应用十分普遍，它有两个状态：开和关。很多地方都会用到开关选择器，如手机的飞行模式、热点，微信的发现页管理中有开、闭朋友圈功能等，如图 3.24 所示。

switch 组件有 6 个属性可以配置，如表 3.27 所示。

图3.24　switch组件的应用

表 3.27　switch 组件的属性

属性名	类型	默认值	说明
checked	Boolean	false	是否选中
disabled	Boolean	false	是否禁用
type	String	switch	样式，有效值：switch, checkbox
bindchange	EventHandle		checked 改变时触发 change 事件，event.detail={ value: checked}
color	Color		switch 的颜色，同 CSS 的 color
checked	Boolean	false	是否选中

示例 3-25 的代码如下。

示例 3-25：

index.wxml

```
<view>
    <view class='item'><switch checked bindchange="switch1Change" />默认打开</view>
    <view class='item'><switch bindchange="switch2Change" />默认关闭</view>
    <view class='item'><switch disabled bindchange="switch2Change" />禁用</view>
    <view class='item'><switch type="checkbox" />禁用</view>
    <view class='item'><switch color="red" checked/>背景红色</view>
</view>
index.js
Page({
    switch1Change(e) {
        console.log('switch1 发生 change 事件，携带值为', e.detail.value)
```

```
    },
    switch2Change(e) {
        console.log('switch2 发生 change 事件，携带值为', e.detail.value)
    }
})
```

switch 效果图如图 3.25 所示。

图3.25　switch效果图

3.6.10　textarea 组件

textarea（多行输入框）又称文本域，也是开发中常用的组件，在评论、简介等场景下应用。在 textarea 中可以输入多行内容，textarea 组件的属性如表 3.28 所示。

表 3.28　textarea 组件的属性

属性名	类型	默认值	说明
value	String		输入框的内容
placeholder	String		输入框为空时占位符
placeholder-style	String		指定 placeholder 的样式
disabled	Boolean	false	是否禁用
maxlength	Number	140	最大输入长度，设置为-1 的时候不限制最大长度
auto-focus	Boolean	false	自动聚焦，拉起键盘
focus	Boolean	false	获取焦点
auto-height	Boolean	false	是否自动增高，设置 auto-height 时，style.height 不生效
cursor	Number		指定 focus 时的光标位置
show-confirm-bar	Boolean	true	是否显示键盘上方带有"完成"按钮那一栏
bindlinechange	EventHandle		输入框行数变化时调用，event.detail = {height: 0, heightRpx: 0, lineCount: 0}
bindinput	EventHandle		当键盘输入时触发 input 事件，event.detail = {value, cursor}，bindinput 处理函数的返回值并不会反映到 textarea 上
bindconfirm	EventHandle		单击完成时触发 confirm 事件，event.detail = {value: value}

示例 3-26 的代码如下。

示例 3-26：

index.wxml

```
<view>
    <textarea
        bindblur="bindTextAreaBlur"
        auto-height
        placeholder="自动变高"
        placeholder-style="font-size:24px;color:#ccc;"
        maxlength="140"
        auto-focus
        show-confirm-bar
        bindlinechange="onChange"
        bindinput="onInput"
        bindconfirm="onConfirm"
    />
</view>
```

index.js

```
Page({
    data: {
        height: 20,
        focus: false
    },
    onChange: function(e){
        console.log('textarea change:',e.detail.value)
    },
    onInput: function(e){
        console.log('textarea input:', e.detail.value)
    },
    onConfirm: function(e){
        console.log('textarea confirm:', e.detail.value)
    }
})
```

textarea 效果图如图 3.26 所示。

3.6.11 form 组件

form 组件是表单组件的容器组件，用于提交用户输入的\<switch\>\<input\>\<checkbox\>\<slider\>\<radio\>\<picker\>。

当单击 \<form\> 表单中 form-type 为 submit 的 \<button\> 组件时，会将表单组件中的 value 值进行提交，表单组件需要加上 name 作为 key。form 组件的属性只有 3 个，如表 3.29 所示。

图3.26　textarea效果图

表 3.29　form 组件的属性

属性名	类型	说明
report-submit	Boolean	是否返回 formId 用于发送模板消息
bindsubmit	EventHandle	携带 form 中的数据触发 submit 事件，event.detail = {value : {'name': 'value'} , formId: "}
bindreset	EventHandle	表单重置时触发 reset 事件

示例 3-27 的代码如下。

示例 3-27：

index.wxml

```
<view>
<form bindsubmit="formSubmit" bindreset="formReset">
  <view >
    switch<switch name="switch" />
  </view>
  <view>
    slider<slider name="slider" show-value></slider>
  </view>
  <view>
    input<input name="input" placeholder="再次输入一些内容" />
  </view>
```

```
    <view>
        radio
        <radio-group name="radio-group">
            <label>
                <radio value="radio1" />
                radio1
            </label>
            <label>
                <radio value="radio2" />
                radio2
            </label>
        </radio-group>
    </view>
    <view >
        checkbox
        <checkbox-group name="checkbox">
            <label>
                <checkbox value="checkbox1" />
                checkbox1
            </label>
            <label>
                <checkbox value="checkbox2" />
                checkbox2
            </label>
        </checkbox-group>
    </view>
    <view>
        <button form-type="submit">Submit</button>
        <button form-type="reset">Reset</button>
    </view>
</form>
</view>
```

index.js
```
Page({
    formSubmit(e) {
        console.log('form 发生了 submit 事件，携带数据为：', e.detail.value)
    },
    formReset() {
        console.log('form 发生了 reset 事件')
    }
})
```
form 组件的应用如图 3.27 所示。

图3.27 form组件的应用

任务 3.7 使用 WeUI 构建界面

WeUI 是一套同微信原生视觉体验一致的基础样式库，由微信官方设计团队为微信内网页和微信小程序量身设计，使用户的使用感知更加统一，包含 button、cell、dialog、progress、toast、article、actionsheet、icon 等元素。

扫描微信小程序码，预览 WeUI demo。

3.7.1 引入 WeUI

首先下载 WeUI，在 Github 上搜索 weui-wxss，找到 WeUI 的代码仓库，单击图 3.28 右下角 Download ZIP 按钮下载 WeUI。也可以从本书素材目录中找到 WeUI。

图3.28 下载WeUI

使用微信 Web 开发者工具新建项目，在项目根目录新建 public/styles 目录。复制 WeUI 项目 dist/style/ 目录下的 weui.wxss 文件到新建目录中，如图 3.29 所示。

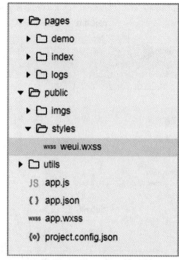

图3.29　引入WeUI

然后打开 app.wxss,引入 WeUI，代码如下：

@import 'public/styles/weui.wxss';

之后就可以在页面中使用 WeUI 预先定义好的样式了。

3.7.2　WeUI:cell

cell 列表视图用于将信息以列表的结构显示在页面上，是移动端最常用的内容结构。每个 cell 都由 weui-cells__title 和 weui-cells 组成，weui-cells 由缩略图 weui-cell__hd、内容主体 weui-cell__bd 和附件 weui-cell__ft 组成。其中 weui-cell__bd 采用自适应布局，如示例 3-28 所示。

示例 3-28：

```
<view>
    <view class="weui-cells__title">带说明的列表项</view>
    <view class="weui-cells">
        <view class="weui-cell">
            <view class="weui-cell__bd">
                <p>标题文字</p>
            </view>
            <view class="weui-cell__ft">说明文字</view>
        </view>
    </view>
    <view class="weui-cells">
        <navigator url="" class="weui-cell weui-cell_access" hover-class="weui-cell_active">
            <view class="weui-cell__hd">
                <image src="{{icon20}}" style="width: 20px;height: 20px;margin-right: 5px" />
            </view>
            <view class="weui-cell__bd weui-cell_primary">
                <view>文字标题</view>
            </view>
```

```
            <view class="weui-cell__ft weui-cell__ft_in-access"></view>
        </navigator>
    </view>
</view>
```

显示效果如图 3.30 所示。

图3.30　cell列表视图

3.7.3　WeUI:flex 布局

WeUI 提供了 flex 布局的支持，在外层元素添加 weui-flex 类，在内层元素添加 weui-flex__item 类，如示例 3-29 所示。

示例 3-29：

```
<view >
<view class="weui-flex">
    <view class="weui-flex__item"><view class="placeholder">weui</view></view>
</view>
<view class="weui-flex">
    <view class="weui-flex__item"><view class="placeholder">weui</view></view>
    <view class="weui-flex__item"><view class="placeholder">weui</view></view>
</view>
<view class="weui-flex">
    <view class="weui-flex__item"><view class="placeholder">weui</view></view>
    <view class="weui-flex__item"><view class="placeholder">weui</view></view>
    <view class="weui-flex__item"><view class="placeholder">weui</view></view>
</view>
<view class="weui-flex">
    <view class="weui-flex__item"><view class="placeholder">weui</view></view>
    <view class="weui-flex__item"><view class="placeholder">weui</view></view>
    <view class="weui-flex__item"><view class="placeholder">weui</view></view>
    <view class="weui-flex__item"><view class="placeholder">weui</view></view>
</view>
<view class="weui-flex">
    <view><view class="placeholder">weui</view></view>
    <view class="weui-flex__item"><view class="placeholder">weui</view></view>
```

```
<view><view class="placeholder">weui</view></view>
    </view>
</view>
```

显示效果如图 3.31 所示。

图3.31 flex布局

WeUI学习
二维码

WeUI 还有很多样式，这里就不一一介绍，扫描二维码可进一步学习 WeUI 的使用。

→ 本章作业

1. 选择题

（1）icon 组件的属性不包括（   ）。

    A．type   B．size

    C．color   D．backgroudColor

（2）在微信小程序中，如何使文字不可以被选中？（   ）

    A．设置 text 组件的 selectable 属性为 true。

    B．设置 text 组件的 selectable 属性为 false。

    C．设置 text 组件的 space 属性为 true。

    D．设置 text 组件的 decode 属性为 true。

（3）如何设置图片的缩放裁剪模式，使图片宽度不变，高度自动变化？（   ）

    A．mode='scaleToFill'   B．mode='aspectFit'

    C．mode='widthFix'   D．mode='aspectFill'

（4）input 组件的 type 类型有（多选题）（   ）。

    A．text   B．number   C．idcard   D．digit

（5）在 WXSS 文件中引入其他 WXSS 文件，正确的是（   ）。

    A．@import 'other.wxss';   B．import 'other.wxss';

    C．require('other.wxss');   D．require 'other.wxss';

2. 简答题

（1）使用 navigator 组件实现单击图书列表项，跳转到图书详情页的功能。要求通过 url 传递参数，跳转详情页显示相应图书的名称、价格和封面图信息，如图 3.32 和图 3.33 所示。

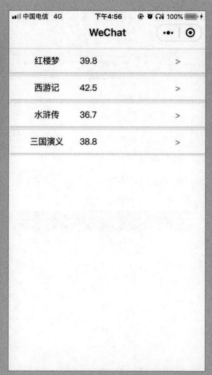

图3.32　图书列表

图3.33　图书详情

（2）用 WeUI 制作注册表单页面，要求页面有用户名、邮箱、手机号、性别、验证码和密码，最后是提交按钮。手机号要求只能输入数组，性别需要通过 picker 选择，如图 3.34 所示。

图3.34　注册表单

作业答案

第 4 章

常用 API

本章技能目标

➢ 掌握微信小程序常用 API 的用法。
➢ 掌握微信小程序中获取用户信息的方法。
➢ 掌握微信小程序中网络请求的方法。

本章知识梳理

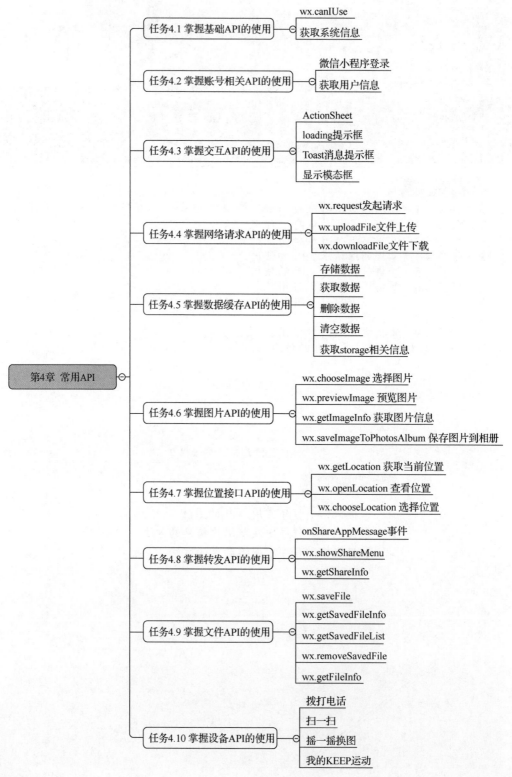

在第 3 章中，我们学习了微信常用的组件，包括 scroll-view、swiper、表单组件、地图组件、video 组件等，这些组件往往伴随着它对应的 API 才能使用。除此之外，微信还封装了手机原生接口，使我们可以调用诸如手机摄像头、麦克风等，还可以实现拨打电话、获取运动步数等功能。

微信小程序接口非常丰富，不能一一列举，本章将重点讲解在开发中使用频率较高的 API，如获取用户信息、数据缓存、地理位置、文件系统、设备接口等。下面就来学习这些强大的 API，实现更加炫酷的效果吧！

预习作业

（1）如何获取手机屏幕宽度？
（2）微信小程序 HTTP 请求的方法类型有哪些？
（3）如何获取用户信息？

任务 4.1　掌握基础 API 的使用

4.1.1　wx.canIUse

微信小程序版本更新迭代很频繁，可能会出现某些接口不兼容的问题，这时可以使用 wx.canIUse 判断微信小程序的接口、组件等是否在当前版本可用。使用方法如下：

- ➢ ${API}.${method}.${param}.${options}
- ➢ ${component}.${attribute}.${option}

它会返回一个布尔值，表示是否可用，如示例 4-1 所示。

示例 4-1：

```
Page({
  onLoad: function (options) {
    var r1 = wx.canIUse('openBluetoothAdapter');
    var r2 = wx.canIUse('getSystemInfoSync.return.screenWidth');
    var r3 = wx.canIUse('getSystemInfo.success.screenWidth');
    console.log("can I use openBluetoothAdapter:",r1);
    console.log("can I use getSystemInfoSync:",r2);
    console.log("can I use getSystemInfo:",r3);
  }
})
```

在调试控制台查看结果，如图 4.1 所示。

```
can I use openBluetoothAdapter: true
can I use getSystemInfoSync: true
can I use getSystemInfo: true
```

图4.1　wx.canIUse

4.1.2　获取系统信息

在微信小程序的开发中，经常需要获取手机系统相关信息，如手机屏幕宽高、状态栏的高度、操作系统版本、字体大小等。微信小程序提供了 wx.getSystemInfo 接口。参数是一个 Object 对象，属性如表 4.1 所示。

通过调用接口，在 success 里就可以得到系统信息，返回的数据如表 4.2 所示。

表 4.1　wx.getSystemInfo 参数

属性	类型	必填	描述
success	function	否	接口调用成功的回调函数
fail	function	否	接口调用失败的回调函数
complete	function	否	接口调用结束的回调函数（调用成功、失败都会执行）

表 4.2　系统信息

属性	类型	描述
brand	string	手机品牌
model	string	手机型号
pixelRatio	number	设备像素比
screenWidth	number	手机屏幕宽度
screenHeight	number	手机屏幕高度
windowWidth	number	可使用窗口宽度
windowHeight	number	可使用窗口高度
statusBarHeight	number	状态栏的高度
language	string	微信设置的语言
version	string	微信版本号
system	string	操作系统版本
platform	string	客户端平台
fontSizeSetting	number	用户字体大小的设置。以"我-设置-通用-字体大小"中的设置为准，单位为 px
SDKVersion	string	客户端基础库版本
benchmarkLevel	number	性能等级（面向 Android 小游戏），值为-2 或 0 表示该设备无法运行小游戏，值为-1 表示性能未知，值≥1 时表示设备性能值，此时该值越高，设备性能越好（目前设备性能值最高不到 50）

下面是使用 wx.getSystemInfo 接口获取系统信息的示例，如示例 4-2 所示。

示例 4-2：

```
Page({
  onLoad: function (options) {
    wx.getSystemInfo({
      success(res) {
        console.log("手机型号：",res.model)
        console.log("设备像素比：",res.pixelRatio)
        console.log("手机屏幕宽度：",res.windowWidth)
        console.log("手机屏幕高度：",res.windowHeight)
        console.log("微信设置的语言：",res.language)
        console.log("微信版本号：",res.version)
```

```
        console.log("客户端平台：",res.platform)
      }
    })
  }
})
```

在控制台查看输出结果，如图 4.2 所示。

手机型号：	iPhone 6
设备像素比：	2
手机屏幕宽度：	375
手机屏幕高度：	603
微信设置的语言：	zh
微信版本号：	6.6.3
客户端平台：	devtools

图4.2　获取系统信息

微信小程序也提供了 wx.getSystemInfoSync，以同步的方法获取系统信息。代码如下：

```
var res = wx.getSystemInfoSync()
console.log(res.model)
console.log(res.pixelRatio)
console.log(res.windowWidth)
console.log(res.windowHeight)
console.log(res.language)
console.log(res.version)
console.log(res.platform)
```

任务 4.2　掌握账号相关 API 的使用

4.2.1　微信小程序登录

微信小程序可以通过微信官方提供的登录能力方便地获取微信提供的用户身份标识，快速建立微信小程序内的用户体系。

微信小程序登录流程时序图如图 4.3 所示。

调用接口获取登录凭证（code）。通过凭证进而换取用户登录态信息，包括用户的唯一标识（openid）及本次登录的会话密钥（session_key）等。

调用 wx.login 传入一个 Object 作为参数，Object 的属性如表 4.3 所示。

表 4.3　wx.login 参数

属性	类型	必填	描述
timeout	number	否	超时时间，单位为 ms
success	function	否	接口调用成功的回调函数
fail	function	否	接口调用失败的回调函数
complete	function	否	接口调用结束的回调函数（调用成功、失败都会执行）

在 success 回调里会得到返回的 code，它是用户的登录凭证，有效期是 5min，开发者需要把 code 发送给服务器后台，换取 openid 和 session_key 等信息，如示例 4-3 所示。

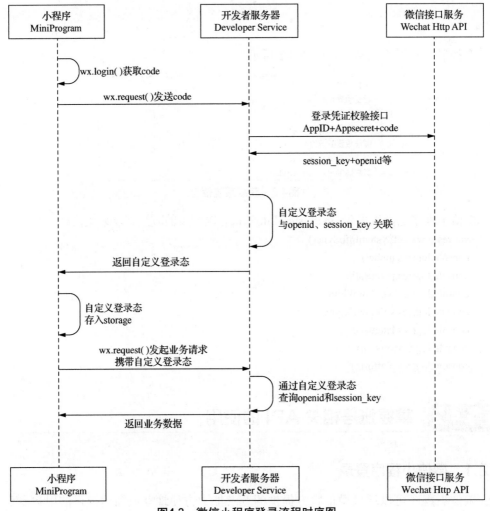

图4.3　微信小程序登录流程时序图

示例 4-3：

```
wx.login({
    success(res) {
        if (res.code) {
            // 发起网络请求
            wx.request({
                url: 'https://test.com/onLogin',
                data: {
                    code: res.code
                }
            })
        } else {
            console.log('登录失败！' + res.errMsg)
```

```
      }
    }
  })
```

4.2.2　获取用户信息

在微信小程序开发中，经常需要获得用户的信息，如用户昵称、性别、地区等信息。

获取用户信息的流程是：首先使用 wx.getSetting 查询用户当前的设置，是否获得用户授权，如果获得用户授权，再调用 wx.getUserInfo 获得用户信息。

wx.getSetting 会返回一个 Object，包含用户授权结果，代码如下所示。

```
wx.getSetting({
  success(res) {
    console.log(res.authSetting)
    // res.authSetting = {
    // "scope.userInfo": true,
    // "scope.userLocation": true
    // }
  }
})
```

可以看到，wx.getSetting 的 success 回调中得到了一个用户设置的对象，在这个对象中，res.authSetting 就是用户的授权结果。例如，想要知道是否已取得获取用户信息的授权，那么就是 res.authSetting['scope.userInfo']，如果值为 true，就是取得了获取用户信息的授权，如示例 4-4 所示。

示例 4-4：

```
index.wxml
<view>
  <button
    wx:if="{{canIUse}}"
    open-type="getUserInfo"
    bindgetuserinfo="bindGetUserInfo"
  >
    授权登录
  </button>
</view>
index.js
Page({
  data: {
    canIUse: wx.canIUse('button.open-type.getUserInfo')
  },
  onLoad() {
    // 查看是否授权
    wx.getSetting({
      success(res) {
        if (res.authSetting['scope.userInfo']) {
          // 已经授权，可以直接调用 getUserInfo 获取头像昵称
```

```
                    wx.getUserInfo({
                        success(res) {
                            console.log(res.userInfo)
                        }
                    })
                }
            }
        })
    },
    bindGetUserInfo(e) {
        console.log(e.detail.userInfo)
    }
})
```

示例 4-4 中，在 onLoad 生命周期函数里，首先通过 wx.getSetting 获取用户的设置，然后根据 res.authSetting['scope.userInfo'] 判断是否获得了用户的授权，如果取得了授权，则使用 wx.getUserInfo 获取用户的信息。

任务 4.3 掌握交互 API 的使用

4.3.1 ActionSheet

ActionSheet 用于显示包含一系列可交互的动作集合，包括说明、跳转等，由底部弹出，一般用于响应用户对页面的单击，如图 4.4 所示。

图4.4 ActionSheet

执行 wx.showActionSheet 即可显示操作菜单。showActionSheet 参数是一个对象，如表 4.4 所示。

表 4.4　showActionSheet 参数

属性	类型	必填	描述
itemList	Array.<string>	是	按钮的文字数组,数组的长度最大为 6
itemColor	string	否	按钮的文字颜色,默认值为#000000
success	function	否	接口调用成功的回调函数
fail	function	否	接口调用失败的回调函数
complete	function	否	接口调用结束的回调函数(调用成功、失败都会执行)

在 success 回调里,得到用户单击的按钮序号,从 0 开始。代码如示例 4-5 所示。

示例 4-5:

index.wxml

```
<view>
    <button bindtap='showActionSheet'>show Actionsheet </button>
</view>
```

index.js

```
Page({
    showActionSheet: function(){
        wx.showActionSheet({
            itemList: ['操作 1', '操作 2', '操作 3'],
            success(res) {
                console.log(res.tapIndex)
            },
            fail(res) {
                console.log(res.errMsg)
            }
        })
    }
})
```

4.3.2　loading 提示框

实际开发中,很多操作需要等待一段时间才能出现结果,如查询某个商品、上传图片等。为了提升用户体验,可以在这些操作执行后显示 loading 的状态,表示任务正在执行中,待结果出现后再隐藏 loading 状态。

微信小程序提供 wx.showLoading 和 wx.hideLoading 显示和隐藏 loading 提示框,如示例 4-6 所示。

示例 4-6:

index.wxml

```
<view>
    <button bindtap="showLoading">显示 loading</button>
    <button bindtap="hideLoading">隐藏 loading</button>
</view>
```

index.js

```
Page({
```

```
    showLoading: function(){
        wx.showLoading({
            title: '加载中'
        })
    },
    hideLoading: function(){
        wx.hideLoading()
    }
})
```
显示效果如图 4.5 所示。

图4.5 loading提示框

4.3.3 Toast 消息提示框

Toast 用于临时显示某些信息，并且会在数秒后自动消失。这些信息通常是轻量级操作的成功信息。执行 wx.showToast 显示消息提示框。showToast 参数如表 4.5 所示。

表 4.5 showToast 参数

属性	类型	必填	描述
title	string	是	提示的内容
icon	string	否	图标
image	string	否	自定义图标的本地路径，image 的优先级高于 icon
duration	number	否	提示的延迟时间，默认 1500ms
mask	boolean	否	是否显示透明蒙层，防止触摸穿透
success	function	否	接口调用成功的回调函数
fail	function	否	接口调用失败的回调函数
complete	function	否	接口调用结束的回调函数（调用成功、失败都会执行）

其中 icon 是显示的图标类型，有 success、loading 和 none 3 种类型，代码如示例 4-7 所示。

示例 4-7：

index.wxml

```
<view>
    <button bindtap="showToastSuccess">显示 toast success</button>
    <button bindtap="showToastLoading">显示 toast loading</button>
</view>
```

index.js

```
Page({
    showToastSuccess: function(){
        wx.showToast({
            title: '成功',
            icon: 'success',
            duration: 2000
        })
    },
    showToastLoading: function () {
        wx.showToast({
            title: '正在加载',
            icon: 'loading',
            duration: 2000
        })
    }
})
```

显示效果如图 4.6 所示。

图4.6　消息提示框

4.3.4　显示模态框

模态框用来显示一段文字，获得用户的确认，如删除图片的时候，可以先给用户一个提示，询问用户是否确定删除，防止用户误操作。

通过执行 wx.showModal 显示模态框。showModal 的参数如表 4.6 所示。

表 4.6 showModal 的参数

属性	类型	是否必填	描述
title	string	是	提示的标题
content	string	是	提示的内容
showCancel	boolean	否	是否显示取消按钮
cancelText	string	否	取消按钮的文字，最多 4 个字符
cancelColor	string	否	取消按钮的文字颜色，必须是十六进制格式的颜色字符串
confirmText	string	否	确认按钮的文字，最多 4 个字符
confirmColor	string	否	确认按钮的文字颜色，必须是十六进制格式的颜色字符串
success	function	否	接口调用成功的回调函数
fail	function	否	接口调用失败的回调函数
complete	function	否	接口调用结束的回调函数（调用成功、失败都会执行）

success 回调函数里返回的参数也是一个 Object 对象，包含 confirm 和 cancel 两个属性。如果用户单击"确定"按钮，则 confirm 为 true；如果用户单击"取消"按钮，则 cancel 为 true，如示例 4-8 所示。

示例 4-8：

index.wxml

```
<view>
    <button bindtap='showModal'>显示模态框</button>
</view>
```

index.js

```
Page({
    showModal: function(){
        wx.showModal({
            title: '提示',
            content: '这是一个模态弹窗',
            success(res) {
                if (res.confirm) {
                    console.log('用户单击确定')
                } else if (res.cancel) {
                    console.log('用户单击取消')
                }
            }
        })
    }
})
```

显示结果如图 4.7 所示。

图4.7　Modal模态框

任务 4.4　掌握网络请求 API 的使用

4.4.1　wx.request 发起请求

wx.request 是用请求服务数据的 API。它发起的是 HTTPS 请求，使用前需要先在公众平台进行服务器域名配置，否则无法访问第三方服务的 url。

配置服务器域名，首先需要登录微信小程序的公众平台账号，找到开发→开发设置→服务器域名进行配置，如图 4.8 所示。

图4.8　配置服务器域名

域名配置包括 request 合法域名、socket 合法域名、uploadFile 合法域名和 downloadFile 合法域名 4 个部分。根据需要添加。如果只是请求服务器接口，不涉及上传、下载和 socket 请求，那么只添加 request 合法域名就可以了。服务器域名一个月可以修改 5 次，所以修改时要慎重，不能随意改动。

wx.request 的参数如表 4.7 所示。

表 4.7　wx.request 的参数

属性	类型	必填	描述
url	string	是	开发者服务器接口地址
data	string/object/ArrayBuffer	否	请求的参数
header	Object	否	设置请求的 header，header 中不能设置 Referer content-type，默认为 application/json
method	string	否	HTTP 请求方法
dataType	string	否	返回的数据格式，默认是 json，对返回的数据进行一次 JSON.parse，若不设置，则不做 JSON.parse
responseType	string	否	响应的数据类型，有 text 和 arraybuffer 两种类型
success	function	否	接口调用成功的回调函数
fail	function	否	接口调用失败的回调函数
complete	function	否	接口调用结束的回调函数（调用成功、失败都会执行）
url	string	是	开发者服务器接口地址

下面演示如何使用 wx.request 请求接口获取数据，如示例 4-9 所示。

示例 4-9：

```
Page({
    onLoad: function (options) {
        wx.request({
            url: 'https://easy-mock.com/mock/5c31be5b7be58c40361c626b/users#!method=get',
            success(res) {
                console.log(res.data)
            }
        })
    }
})
```

请求结果如图 4.9 所示。

```
▼{data: {…}}
  ▼data:
    ▼users: Array(7)
      ▶0: {name: "张三", age: 15, score: 88}
      ▶1: {name: "李四", age: 16, score: 78}
      ▶2: {name: "王五", age: 17, score: 92}
      ▶3: {name: "赵六", age: 13, score: 70}
      ▶4: {name: "赵四", age: 15, score: 69}
      ▶5: {name: "牛二", age: 16, score: 81}
      ▶6: {name: "王大", age: 14, score: 66}
        length: 7
        nv_length: (...)
      ▶__proto__: Array(0)
    ▶__proto__: Object
  ▶__proto__: Object
```

图4.9　request请求

示例 4-9 中请求了使用 easy-mock 提供的数据接口。访问接口前，首先在公众平台把 https://easy-mock.com 配置到服务器域名中，然后在代码中使用 wx.request 请求接口，

得到如图 4.9 所示的结果。

 说明

（1）Easy Mock 是一个可视化，并且能快速生成模拟数据的持久化服务。可以使用 Easy Mock 生成数据或者直接把 json 数据输入进去，然后请求其提供的接口就能获取数据。

（2）微信小程序只允许请求 https 协议的接口，请求本地服务时，在开发者工具→详情→项目设置下勾选"不校验安全域名、TLS 版本以及 HTTPS 证书"，就可以正常请求到数据了。

4.4.2　wx.uploadFile 文件上传

wx.uploadFile 用来将本地文件上传到服务器。微信小程序客户端会发起一个 HTTPS 的 post 请求，其中 content-type 为 multipart/form-data。

wx.uploadFile 的参数如表 4.8 所示。

表 4.8　wx.uploadFile 的参数

属性	类型	必填	描述
url	string	是	开发者服务器地址
filePath	string	是	要上传文件资源的路径
name	string	是	文件对应的 key，开发者在服务端可以通过这个 key 获取文件的二进制内容
header	Object	否	HTTP 请求 Header，Header 中不能设置 Referer
formData	Object	否	HTTP 请求中其他额外的 form data
success	function	否	接口调用成功的回调函数
fail	function	否	接口调用失败的回调函数
complete	function	否	接口调用结束的回调函数（调用成功、失败都会执行）

示例代码如下：

```
wx.uploadFile({
    url: 'https://example.weixin.qq.com/upload', // 仅为示例，非真实的接口地址
    filePath: tempFilePath,
    name: 'file',
    formData: {
    user: 'test'
    },
    success(res) {
    const data = res.data
    // do something
    }
})
```

4.4.3　wx.downloadFile 文件下载

wx.downloadFile 用来从服务器下载文件到本地。客户端直接发起一个 HTTPS GET

请求，服务器返回文件的本地临时路径。wx.downloadFile 的参数如表 4.9 所示。

表 4.9　wx.downloadFile 的参数

属性	类型	必填	描述
url	string	是	下载资源的 url
header	Object	否	HTTP 请求的 Header，Header 中不能设置 Referer
filePath	string	否	指定文件下载后存储的路径
success	function	否	接口调用成功的回调函数
fail	function	否	接口调用失败的回调函数
complete	function	否	接口调用结束的回调函数（调用成功、失败都会执行）

在 success 回调函数里获得请求结果，是一个 Object 对象，其属性有 tempFilePath 和 statusCode 两个。

➢ tempFilePath：临时文件路径。如果没传入 filePath 指定文件存储路径，则下载后的文件会存储到一个临时文件。

➢ statusCode：开发者服务器返回的 HTTP 状态码。

示例代码如下：

```
wx.downloadFile({
    url: 'https://example.com/audio/123', // 仅为示例，并非真实的资源
    success(res) {
        if (res.statusCode === 200) {
            wx.playVoice({
                filePath: res.tempFilePath
            })
        }
    }
})
```

任务 4.5　掌握数据缓存 API 的使用

微信小程序支持本地存储，类似于 HTML 5 中的 localStorage，可以把数据存储在微信小程序客户端。数据缓存 API 有 10 个。

➢ wx.getStorage：从本地缓存中异步获取指定 key 的内容。

➢ wx.getStorageSync：以同步的方式获取指定 key 的内容。

➢ wx.setStorage：将数据存储在本地缓存中指定的 key 中，除非用户主动删除数据，否则数据一直可用。单个 key 允许存储的最大数据长度为 1MB，所有数据存储的上限都为 10MB。

➢ wx.setStorageSync：以同步的方式存储数据。

➢ wx.removeStorage：从本地缓存中移除指定 key。

➢ wx.removeStorageSync：以同步的方式移除指定 key 的数据。

➢ wx.clearStorage：清空本地数据。

> ➤ wx.clearStorageSync：以同步的方式清空数据。
> ➤ wx.getStorageInfo：获取当前 storage 的相关信息。
> ➤ wx.getStorageInfoSync：以同步的方式获取 storage 的相关信息。

虽然数据缓存 API 多达 10 个方法，但总结下来，无非是保存数据、获取数据、删除数据和清空数据，每种操作都有对应的同步方法和异步方法。

4.5.1　存储数据

存储数据需要用到 wx.setStorage，这是一个异步方法，传入一个 Object 作为参数，代码如下。

```
wx.setStorage({
    key: 'key',
    data: 'value'
})
```

对象的 key 属性是保存数据的键，data 属性是数据内容。

如果以同步方式保存数据，则代码如下。

```
wx.setStorageSync('key', 'value')
```

4.5.2　获取数据

使用 wx.getStorage 获取数据，这是一个异步方法，同样也需要传入对象参数，代码如下。

```
wx.getStorage({
    key: 'key',
    success(res) {
        console.log(res.data)
    }
})
```

获取数据需要传入保存的数据的 key 值，在 success 回调函数的参数里就可以得到数据。如果以同步方式获取数据，则代码如下。

```
var value = wx.getStorageSync('key')
```

4.5.3　删除数据

删除数据使用 wx.removeStorage 函数，使用方式和 wx.getStorage 类似，在对象参数的属性里，传入需要删除的数据 key 即可，代码如下。

```
wx.removeStorage({
    key: 'key',
    success(res) {
        console.log(res.data)
    }
})
```

同步删除数据，代码如下。

```
wx.removeStorageSync('key')
```

4.5.4 清空数据

wx.removeStorage 是根据 key 删除某条数据，如果要清空所有数据，可以使用 wx.clearStorage，代码如下。

wx.clearStorage()

同步方式清空代码如下。

wx.clearStorageSync()

4.5.5 获取 storage 相关信息

wx.getStorageInfo 可以获取当前 storage 的相关信息，包括 keys、currentSize 和 limitSize。

➢ keys：当前 storage 中所有的 key。

➢ currentSize：当前占用的空间大小，单位为 KB。

➢ limitSize：限制的空间大小，单位为 KB。

示例代码如下。

```
Page({
  onLoad: function (options) {
    wx.getStorageInfo({
      success(res) {
        console.log(res.keys)
        console.log(res.currentSize)
        console.log(res.limitSize)
      }
    })
  }
})
```

任务 4.6 掌握图片 API 的使用

微信小程序图片相关 API 有 4 个，分别是 wx.chooseImage 选择图片、wx.previewImage 预览图片、wx.getImageInfo 获取图片信息和 wx.saveImageToPhotosAlbum 保存图片到相册。

4.6.1 wx.chooseImage 选择图片

wx.chooseImage 可以用来从相册选择图片或者使用相机拍摄照片。其参数说明如表 4.10 所示。

表 4.10　wx.chooseImage 参数说明

属性	类型	必填	描述
count	number	否	最多可以选择的图片张数
sizeType	Array.<string>	否	所选图片的尺寸
sourceType	Array.<string>	否	选择图片的来源

属性	类型	必填	描述
success	function	否	接口调用成功的回调函数
fail	function	否	接口调用失败的回调函数
complete	function	否	接口调用结束的回调函数（调用成功、失败都会执行）

sizeType 表示使用图片的尺寸，可选值有 Original 原图和 compressed 压缩图。
sourceType 表示图片的来源，可选值有 album 相册和 camera 使用相机。
返回的数据格式是:

```
{
    tempFilePaths:"图片的本地临时文件路径列表",
    tempFiles:[{
        path:"本地临时文件路径",
        size:"本地临时文件大小，单位为 B"
    }]
}
```

示例代码如下。

示例 4-10:

index.wxml

```
<view>
    <button  bindtap='chooseImage'>选择图片</button>
    <image  mode="aspectFit" src="{{imgsrc[0]}}" bindtap='reviewImage'></image>
</view>
```

index.js

```
Page({
  data:{
    imgsrc:[]
  },
  chooseImage: function(){
    var _that = this;
    wx.chooseImage({
      count: 1,
      sizeType: ['original', 'compressed'],
      sourceType: ['album', 'camera'],
      success:res=>{
        const tempFilePaths = res.tempFilePaths
        this.setData({
          imgsrc: tempFilePaths
        })
        //查看图片信息
        wx.getImageInfo({
          src: tempFilePaths[0],
          success: function (res) {
            console.log(res)
```

```
            }
         })
      }
   })
}
})
```

在示例 4-10 中，页面上有一个选择图片的按钮，单击该按钮，执行 chooseImage。在函数内，使用 wx.chooseImage 选择图片，把得到的图片地址保存在 imgsrc 中，然后在页面的 image 组件上使用数据绑定显示出来。显示效果如图 4.10 所示。

图4.10　选择图片

4.6.2　wx.previewImage 预览图片

wx.previewImage 用来在新页面中全屏预览图片。预览的过程中，用户可以进行保存图片、发送图片给朋友等操作。

wx.previewImage 参数说明如表 4.11 所示。

表 4.11　wx.previewImage 参数说明

属性	类型	必填	描述
urls	Array.<string>	是	需要预览的图片链接列表。2.2.3 版本起支持云文件 ID
current	string	否	当前显示图片的链接
success	function	否	接口调用成功的回调函数
fail	function	否	接口调用失败的回调函数
complete	function	否	接口调用结束的回调函数（调用成功、失败都会执行）

示例代码如下：

示例 4-11：

index.wxml

```
<view>
    <button    bindtap='chooseImage'>选择图片</button>
    <image    mode="aspectFit" src="{{imgsrc[0]}}" bindtap='reviewImage'></image>
</view>
```

```
index.js
Page({
  data:{
    imgsrc:[]
  },
  chooseImage: function(){
    var _that = this;
    wx.chooseImage({
      count: 1,
      sizeType: ['original', 'compressed'],
      sourceType: ['album', 'camera'],
      success(res) {
        // tempFilePath 可以作为 img 标签的 src 属性显示图片
        const tempFilePaths = res.tempFilePaths
        _that.setData({
          imgsrc: tempFilePaths
        })
      }
    })
  },
  reviewImage: function(){
    var _that = this;
    var imgsrc = _that.data.imgsrc
    wx.previewImage({
      current: imgsrc[0], // 当前显示图片的 http 链接
      urls: imgsrc // 需要预览的图片 http 链接列表
    })
  }
})
```

在示例 4-11 中，给 image 组件绑定了单击事件，单击图片触发 reviewImage，在函数内执行 wx.previewImage 全屏预览图片。

4.6.3　wx.getImageInfo 获取图片信息

wx.getImageInfo 用来获取图片信息，如图片宽高、本地路径、图片格式、拍照时设备方向等。wx.getImageInfo 的参数说明如表 4.12 所示。

表 4.12　wx.getImageInfo 的参数说明

属性	类型	必填	描述
src	string	否	图片的路径，可以是相对路径、临时文件路径、存储文件路径、网络图片路径
success	function	否	接口调用成功的回调函数
fail	function	否	接口调用失败的回调函数
complete	function	否	接口调用结束的回调函数（调用成功、失败都会执行）

从 success 回调函数的参数中可获取返回的图片信息。表 4.13 是返回的图片信息说明。

表 4.13　返回的图片信息说明

属性	类型	描述
width	number	图片原始宽度，单位为 px。不考虑旋转
height	number	图片原始高度，单位为 px。不考虑旋转
path	string	图片的本地路径
orientation	string	拍照时的设备方向
type	string	图片格式

代码如下：

```
wx.getImageInfo({
    src: tempFilePaths, //图片路径
    success: function(res){
        console.log(res)
    }
})
```

4.6.4　wx.saveImageToPhotosAlbum 保存图片到相册

调用 wx.saveImageToPhotosAlbum 可以保存照片到手机相册。saveImageToPhotosAlbum 的参数说明如表 4.14 所示。

表 4.14　saveImageToPhotosAlbum 的参数说明

属性	类型	必填	描述
filePath	string	否	图片文件路径，可以是临时文件路径或永久文件路径，不支持网络图片路径
success	function	否	接口调用成功的回调函数
fail	function	否	接口调用失败的回调函数
complete	function	否	接口调用结束的回调函数（调用成功、失败都会执行）

修改示例 4-11 的代码，添加保存到相册的代码，如示例 4-12 所示。

示例 4-12：

```
index.wxml
<view>
    <button  bindtap='chooseImage'>选择图片</button>
    <image  mode="aspectFit" src="{{imgsrc[0]}}" bindtap='reviewImage'></image>
    <button bindtap='savephoto'>保存图片到相册</button>
</view>
index.js
Page({
  data:{
    imgsrc:[]
  },
```

```
...省略部分代码
savephoto: function(){
    var _that = this;
    var imgsrc = _that.data.imgsrc
    wx.saveImageToPhotosAlbum({
        filePath: imgsrc[0],
        success(res) {
            wx.showToast({
                title: '照片已经保存到相册',
            })
        }
    })
}
})
```

任务 4.7 掌握位置接口 API 的使用

微信小程序的位置接口有 3 个,分别是 wx.getLocation 获取当前位置,wx.openLocation 查看位置,wx.chooseLocation 选择位置。

4.7.1 wx.getLocation 获取当前位置

wx.getLocation 接口用来获取用户当前的位置信息,包括纬度坐标、海拔高度、移动速度等。www.getLocation 的参数说明如表 4.15 所示。

表 4.15 wx.getLocation 的参数说明

属性	类型	必填	描述
filePath	string	否	图片文件路径,可以是临时文件路径或永久文件路径,不支持网络图片路径
success	function	否	接口调用成功的回调函数
fail	function	否	接口调用失败的回调函数
complete	function	否	接口调用结束的回调函数(调用成功、失败都会执行)

调用 wx.getLocation 接口,从 success 回调函数里获取到的位置信息如表 4.16 所示。

表 4.16 wx.getLocation 返回数据说明

属性	类型	说明
latitude	number	纬度,范围为-90°～90°,负数表示南纬
longitude	number	经度,范围为-180°～180°,负数表示西经
speed	number	速度,单位为 m/s
accuracy	number	位置的精确度
altitude	number	高度,单位为 m
verticalAccuracy	number	垂直精度,单位为 m(Android 无法获取,返回 0)
horizontalAccuracy	number	水平精度,单位为 m

示例4-13：

index.wxml

```
<view>
    <button bindtap='getLocation'>获取当前位置</button>
</view>
```

index.js

```
Page({
    getLocation: function(){
        wx.getLocation({
            type: 'wgs84',
            altitude:true,
            success(res) {
                const latitude = res.latitude
                const longitude = res.longitude
                const speed = res.speed
                const accuracy = res.accuracy
                const altitude = res.altitude
                console.log("纬度：",latitude)
                console.log("经度：", longitude)
                console.log("移动速度：", speed)
                console.log("位置精度：", accuracy)
                console.log("高度", altitude)
            }
        })
    }
})
```

使用真机调试，调试器控制台输出结果如图4.11所示。

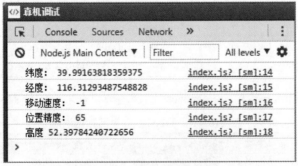

图4.11 获取当前位置信息

4.7.2 wx.openLocation 查看位置

调用 wx.openLocation 接口会在微信小程序内打开腾讯地图显示坐标位置。wx.openLocation 的参数说明如表4.17所示。

表 4.17　wx.openLocation 的参数说明

属性	类型	必填	描述
latitude	number	是	纬度，范围为-90°～90°，负数表示南纬。使用 GCJ-02 国家测绘局坐标系
longitude	number	是	经度，范围为-180°～180°，负数表示西经。使用 GCJ-02 国家测绘局坐标系
scale	number	否	缩放比例，范围为 5%～18%，默认是 18%，地图放大到最大
name	string	否	位置名
address	string	否	地址的详细说明
success	function	否	接口调用成功的回调函数
fail	function	否	接口调用失败的回调函数
complete	function	否	接口调用结束的回调函数（调用成功、失败都会执行）

示例 4-14：

index.wxml

```
<view>
    <button bindtap='getLocation'>获取当前位置</button>
    <button bindtap='openmap'>在地图内查看当前位置</button>
</view>
```

index.js

```
Page({
    data:{
        latitude:"",
        longitude:""
    },
    getLocation: function(){
        let _that = this;
        wx.getLocation({
            type: 'gcj02',
            altitude:true,
            success(res) {
                const latitude = res.latitude
                const longitude = res.longitude
                _that.setData({
                    latitude: latitude,
                    longitude: longitude
                })
            }
        })
    },
    openmap: function(){
        let latitude = this.data.latitude;
        let longitude = this.data.longitude;
```

```
    console.log(latitude, longitude)
    wx.openLocation({
        latitude,
        longitude,
        scale: 14
    })
  }
})
```

需要注意的是，wx.openLocation 中使用的是 GCJ-02 国家测绘局坐标系，所以在使用 wx.getLocation 获取坐标的时候也要使用 GCJ-02，这样才能保证定位的准确性。在地图中显示当前位置如图 4.12 所示。

图4.12　在地图中显示当前位置

4.7.3　wx.chooseLocation 选择位置

调用 wx.chooseLocation 接口会打开地图，在地图上选择位置，选好之后返回位置信息。wx.chooseLocation 的对象参数的属性只有 success、fail 和 complete 3 个回调函数。在 success 回调函数的参数里，得到选择的位置信息，包括位置名称、详细地址和经纬坐标。

示例 4-15：

index.wxml

```
<view>
```

```
<button bindtap='getLocation'>获取当前位置</button>
<button bindtap='openmap'>在地图内查看当前位置</button>
<button bindtap='chooseLocation'>打开地图选择位置</button>
<view   wx:if="{{name}}" style='padding-left:20px;'>
    <view>名称：{{name}}</view>
    <view>地址：{{address}}</view>
    <view>纬度：{{latitude}}</view>
    <view>经度：{{longitude}}</view>
</view>
</view>
Page({
  data:{
    latitude:"",
    longitude:"",
    name:"",
    address:""
  },
  ...省略部分代码
  },
  chooseLocation: function(){
    let _that = this;
    wx.chooseLocation({
      success: function(res) {
        console.log(res)
        _that.setData({
          latitude: res.latitude,
          longitude: res.longitude,
          name: res.name,
          address: res.address
        })
      },
      fail: function(err){
        console.log(err)
      },
      complete: function(){
        console.log('over')
      }
    })
  }
})
```

在示例 4-15 中，页面上有一个"打开地图选择位置"按钮，单击该按钮可出现地图，如图 4.13 所示。

选择好位置，单击右上角的"确定"按钮回到之前的页面，显示出选择的位置信息，如图 4.14 所示。

图4.13　在地图上选择位置

图4.14　选择的位置信息

任务 4.8　掌握转发 API 的使用

通过把微信小程序转发给好友和微信群，可以提高微信小程序的访问量。微信小程序有多种方式设置转发。

4.8.1　onShareAppMessage 事件

这种方式是通过监听用户单击右上角的行为触发 onShareAppMessage 函数设置转发的。在 onShareAppMessage 里返回转发信息，代码如下所示。

```
Page({
  ...省略部分代码
  onShareAppMessage: function () {
    return {
      title: "分享标题",
      path: '/pages/index/index', //设置分享的页面
      imageUrl: "分享链接的封面图",
      success: function (res) {
        console.log("转发成功")
      },
      fail: function (res) {
        console.log("转发失败")
      }
    }
  }
});
```

开启 onShareAppMessage 监听后，单击右上角就可以看到转发按钮。

4.8.2　wx.showShareMenu

还有一个方式就是通过 wx.showShareMenu 接口显示分享按钮。在需要开启转发的时候，执行 wx.showShareMenu()就可以显示出转发按钮。wx.showShareMenu 的参数说明如表 4.18 所示。

表 4.18　wx.showShareMenu 的参数说明

属性	类型	必填	描述
withShareTicket	boolean	是	是否使用带 shareTicket 的转发
success	function	否	接口调用成功的回调函数
fail	function	否	接口调用失败的回调函数
complete	function	否	接口调用结束的回调函数（调用成功、失败都会执行）

如果想隐藏转发按钮，使用 wx.hideShareMenu()即可。

4.8.3　wx.getShareInfo

通常，开发者希望转发出去的微信微信小程序被二次打开的时候能够获取到一些信息，如群的标识。现在通过调用 wx.showShareMenu 并且设置 withShareTicket 为 true，当用户将微信小程序转发到任意一个群聊之后，此转发卡片在群聊中被其他用户打开时，可以在 App.onLaunch 或 App.onShow 获取到一个 shareTicket。通过调用 wx.getShareInfo()接口传入此 shareTicket 可以获取到转发信息。

wx.getShareInfo 的参数说明如表 4.19 所示。

表 4.19　wx.getShareInfo 的参数说明

属性	类型	必填	描述
shareTicket	string	是	shareTicket
timeout	number	否	超时时间，单位为 ms
withShareTicket	boolean	是	是否使用带 shareTicket 的转发
success	function	否	接口调用成功的回调函数
fail	function	否	接口调用失败的回调函数
complete	function	否	接口调用结束的回调函数（调用成功、失败都会执行）

从 success 回调函数里获得转发结果，如表 4.20 所示。

表 4.20　从 success 回调函数中所得转发结果

属性	类型	描述
errMsg	string	错误信息
encryptedData	string	包括敏感数据在内的完整转发信息的加密数据
iv	string	加密算法的初始向量

任务 4.9 掌握文件 API 的使用

4.9.1 wx.saveFile

wx.saveFile 把文件保存在本地，关闭微信小程序后再次启动也依然可以获取到该文件。本地文件存储的大小限制为 10MB，参数说明如表 4.21 所示。

表 4.21 wx.saveFile 的参数说明

属性	类型	必填	描述
tempFilePath	string	是	需要保存的文件的临时路径
success	function	否	接口调用成功的回调函数
fail	function	否	接口调用失败的回调函数
complete	function	否	接口调用结束的回调函数（调用成功、失败都会执行）

示例 4-16：

index.wxml

```
<view>
    <button bindtap='saveFile'>保存文件</button>
    <button bindtap='openFile'>打开文件</button>
    <image src="{{filePath}}" mode='aspectFit'></image>
</view>
```

index.js

```
Page({
  data: {
    filePath:""
  },
  onLoad: function(){
    let filePath = wx.getStorageSync("filepath") || ""
    this.setData({
      filePath
    })
  },
  saveFile: function(){
    wx.chooseImage({
      success(res) {
        const tempFilePaths = res.tempFilePaths
        wx.saveFile({
          tempFilePath: tempFilePaths[0],
          success(res) {
            const savedFilePath = res.savedFilePath
            wx.setStorageSync("filepath", savedFilePath)
          }
        })
```

```
      }
    })
  }
})
```

在示例 4-16 中，使用 wx.chooseImage 获取到一张图片，把文件的临时路径 tempFilePaths 传入 wx.saveFile，调用 wx.saveFile 保存文件，得到文件的保存路径 savedFilePath，再把 savedFilePath 使用本地存储 wx.setStorageSync 保存在本地。这样，微信小程序重新启动时，在 onLoad 生命周期函数内获取到保存的文件路径，通过数据绑定显示在页面上。

4.9.2 wx.getSavedFileInfo

wx.getSavedFileInfo 用来获取本地文件信息。wx.getSavedFileInfo 的参数说明如表 4.22 所示。

表 4.22　wx.getSavedFileInfo 的参数说明

属性	类型	必填	描述
filePath	string	是	本地文件路径
success	function	否	接口调用成功的回调函数
fail	function	否	接口调用失败的回调函数
complete	function	否	接口调用结束的回调函数（调用成功、失败都会执行）

在示例 4-16 的 onLoad 函数内，添加使用 wx.getSavedFileInfo 获取文件信息的方法，代码如下。

```
Page({
  data: {
    filePath:""
  },
  onLoad: function(){
    let filePath = wx.getStorageSync("filepath") || ""
    this.setData({
      filePath
    })

    if (filePath){
      wx.getSavedFileInfo({
        filePath: filePath,
        success: function(res){
          console.log("savedFileInfo:",res)
        }
      })
    }
  },
  …（省略部分代码）
})
```

4.9.3 wx.getSavedFileList

wx.getSavedFileList 用来获取已经保存的本地缓存文件列表。wx.getSavedFileList 的参数说明如表 4.23 所示。

表 4.23 wx.getSavedFileList 的参数说明

属性	类型	必填	描述
success	function	否	接口调用成功的回调函数
fail	function	否	接口调用失败的回调函数
complete	function	否	接口调用结束的回调函数（调用成功、失败都会执行）

调用 wx.getSavedFileList，从 success 回调函数里得到返回的文件集合。数据结构如下所示。

```
{
errMsg: "接口调用结果说明",
fileList: [
    {
        createTime:"文件保存时间",
        filePath:"文件保存路径",
        size:"文件大小"
    }
]
}
```

从返回的结果中就可以知道在本地保存了哪些文件，根据需要展示或者删除某个文件。

4.9.4 wx.removeSavedFile

wx.removeSavedFile 用来删除本地文件。wx.removeSavedFile 的参数说明如表 4.24 所示。

表 4.24 wx.removeSavedFile 的参数说明

属性	类型	必填	描述
filePath	string	是	需要删除的本地文件路径
success	function	否	接口调用成功的回调函数
fail	function	否	接口调用失败的回调函数
complete	function	否	接口调用结束的回调函数（调用成功、失败都会执行）

向 wx.removeSavedFile 传入要删除的文件路径，就可以把这个文件从本地删除。下面这个示例就是通过 wx.getSavedFileList 获得在本地保存的所有文件路径，然后使用 wx.removeSavedFile 删除其中第一个文件的示例，代码如下。

```
wx.getSavedFileList({
    success: function(res){
    if(res.fileList.length > 2){
        let filePath = res.fileList.pop().filePath;
```

```
        wx.removeSavedFile({
        filePath: filePath,
        success: function () {
            console.log('删除本地最后一个文件')
        }
        })
    }
    }
})
```

4.9.5　wx.getFileInfo

wx.getFileInfo 用来获取文件信息。和 wx.getSavedFileInfo 不同的是，wx.getFileInfo 获取的是临时文件信息。wx.getFileInfo 的参数说明如表 4.25 所示。

表 4.25　wx.getFileInfo 的参数说明

属性	类型	必填	描述
filePath	string	是	本地文件路径
digestAlgorithm	string	否	计算文件摘要的算法，有 md5 和 sha1 两个值，默认是 md5
success	function	否	接口调用成功的回调函数
fail	function	否	接口调用失败的回调函数
complete	function	否	接口调用结束的回调函数（调用成功、失败都会执行）

调用代码如下：

```
wx.getFileInfo({
    success(res) {
        console.log(res.size)
        console.log(res.digest)
    }
})
```

任务 4.10　掌握设备 API 的使用

4.10.1　拨打电话

wx.makePhoneCall 可以在微信小程序里调用手机拨打电话的功能。传入 phoneNumber 电话号码就可以拨打电话。wx.makePhoneCall 的参数说明如表 4.26 所示。

表 4.26　wx.makePhoneCall 的参数说明

属性	类型	必填	描述
phoneNumber	string	是	需要拨打的电话号码
success	function	否	接口调用成功的回调函数
fail	function	否	接口调用失败的回调函数
complete	function	否	接口调用结束的回调函数（调用成功、失败都会执行）

示例 4-17：

index.wxml

```
<view>
    <button bindtap='makecall'> 拨打电话 </button>
</view>
```

index.js

```
Page({
  makecall: function(){
      wx.makePhoneCall({
        phoneNumber: '17300000000',
      })
  }
})
```

显示效果如图 4.15 所示。

图4.15　拨打电话

4.10.2　扫一扫

扫一扫是日常生活中使用频率很高的操作，无论是购物支付、参加活动，还是添加好友，都会使用手机扫一扫。微信小程序提供了扫一扫接口 wx.scanCode，可以调用微信的扫码功能。wx.scanCode 的参数说明如表 4.27 所示。

表 4.27　wx.scanCode 的参数说明

属性	类型	必填	描述
scanType	Array.<string>		扫码类型，默认值是['barCode', 'qrCode']
success	function	否	接口调用成功的回调函数
fail	function	否	接口调用失败的回调函数
complete	function	否	接口调用结束的回调函数（调用成功、失败都会执行）

scanType 是支持的扫码类型，默认支持一维码和二维码，如表 4.28 所示。

表 4.28　scanType 类型

属性	描述
barCode	一维码
qrCode	二维码
datamatrix	Data Matrix 码
pdf417	PDF417 条码
barCode	一维码

执行 wx.scanCode 返回的数据中包含以下内容，如表 4.29 所示。

表 4.29　扫码返回的数据

属性	类型	描述
result	string	所扫码的内容
scanType	string	所扫码的类型
charSet	string	所扫码的字符集
path	string	当所扫码为当前小程序二维码时，会返回此字段，内容为二维码携带的 path
rawData	string	原始数据，base64 编码

示例 4-18：

index.wxml

```
<view>
  <button bindtap='bindScan'>扫一扫</button>
</view>
```

index.js

```
Page({
  bindScan: function(){
    wx.scanCode({
      success: function(res){
        console.log(res)
      }
    })
  }
})
```

4.10.3　摇一摇换图

通过 wx.onAccelerometerChange 可以监听手机的加速计，在传入的回调函数里获得 x、y、z 这 3 个方向上的移动加速度。

下面以一个摇一摇换图的案例，演示如何监听手机加速计，代码如示例 4-19 所示。

示例 4-19：

index.wxml

```
<view>
  <text>摇一摇换图</text>
  <image src="{{list[index]}}"></image>
</view>
```

```
index.js
Page({
  data: {
    list: [
    '/public/imgs/emo1.png',
    '/public/imgs/emo2.png',
    '/public/imgs/emo3.png'],
    index: 0
  },
  onLoad: function () {
    var that = this
    wx.onAccelerometerChange(function (e) {
      if (e.x > 1 && e.y > 1) {
        if (that.data.index == that.data.list.length - 1) {
          that.setData({
            index: 0
          })
        }
        else {
          that.setData({ index: that.data.index + 1 })
        }
        wx.showToast({
          title: '摇一摇成功',
          icon: 'success',
          duration: 1000
        })
      }
    })
  }
})
```

在示例 4-19 中，页面使用 image 组件显示数组里的图片，onLoad 函数里开启加速计监听，判断 *x* 和 *y* 方向上的加速度是否都大于 1，如果是就认为用户在摇手机，把 index+1，这样 image 组件显示的图片就会换一张。如果 index 大于数组中最后一张图片的下标，则把 index 重置为 0，否则就会发生数组下标越界。

4.10.4　我的 KEEP 运动

本节将使用微信小程序组件和 API 完成《我的 KEEP 运动》的案例。这个微信小程序中共有 3 个页面，分别是 first 首页、index 主页和 readme 了解 KEEP 页。

1．通过 tabBar 实现底部菜单切换

打开 app.json，在 pages 里添加 first 和 readme 页面。添加 tabBar 配置，实现 index 和 readme 的切换。代码如下。

```
{
  "pages": [
    "pages/first/first",
```

```
      "pages/readme/readme",
      "pages/index/index"
    ],
    "window": {
      "backgroundTextStyle": "light",
      "navigationBarBackgroundColor": "#fff",
      "navigationBarTitleText": "我的 KEEP 运动",
      "navigationBarTextStyle": "black"
    },
    "tabBar": {
      "color": "#a1a1a1",
      "selectedColor": "rgb(108, 205, 250)",
      "backgroundColor": "#ffffff",
       "borderStyle":"black",
      "list": [
        {
          "pagePath": "pages/index/index",
          "iconPath": "./assets/icons/hema.png",
          "selectedIconPath": "./assets/icons/hema-sel.png",
          "text": "运动"
        },
        {
          "pagePath": "pages/readme/readme",
          "iconPath": "./assets/icons/mine.png",
          "selectedIconPath": "./assets/icons/message.png",
          "text": "了解 KEEP"
        }
      ]
    }
}
```

2. 开发 first 页面

在 first 页面单击马上开始按钮进入 index 页面。这里使用 wx.switchTab 接口可以实现 first 页面开发，代码如下。

first.wxml

```
<view>
<image src="/assets/images/banner.jpeg" mode='aspectFit' style='width:100%'></image>
<button bindtap="startrun">马上开始</button>
</view>
```

first.js

```
Page({
  startrun: function () {
    wx.switchTab({
        url: '../index/index'
    })
```

```
        }
    })
```

first 页面效果如图 4.16 所示。

图4.16　first页面

3. 开发 index 运动页面

从 first 页面进入 index 运动页后开始运动，倒计时开始，每隔一段时间换一张图，进入下一个运动。一组运动做完后，提示用户是否休息，如果选择休息，则回到 first 页面；如果选择继续运动，则重置数据，继续运动。

index 页面代码如下。

```
<view class="container">
    <view>
        <text>预备，开始！</text>
        <text>{{index+1}}/{{runname.length}} {{runname[index]}}</text>
    </view>
    <image class='action' src='{{imglist[index]}}' mode='aspectFit'></image>
    <view class='time'>
        <text>{{count}}</text>
    </view>
</view>
```

index.js 逻辑代码如下：

```
Page({
    data: {
        imglist: ["/assets/images/qs1.GIF", "/assets/images/qs2.GIF", "/assets/images/qs3.GIF",
"/assets/images/qs4.GIF"], //图片列表
        runname: ["呼啦圈", "举重", "跳绳", "哑铃"], //动作名称
        index: 0, //索引，记录到当前第几个
        count: 8, //每个动作持续时间，用来显示时间变化（s）
        total: 8, //每个动作持续时间，固定值（s）
```

```
      timer: null //定时器，当离开页面时需要清除定时器
},
changeTimer: function() {
    var that = this
    //判断如果已经做到最后一个动作
    if (this.data.index == this.data.imglist.length) {
      //给出提示，是重做运动，还是回到主页
      wx.showModal({
        title: '提示',
        content: '运动完成',
        confirmText:"休息一下",
        cancelText:"继续运动",
        success: function(res) {
          if (res.confirm) {
            clearTimeout(that.data.timer)
            that.setData({
              index: 0,
              count: that.data.total
            })
            wx.navigateTo({
              url: '/pages/first/first',
            })
          } else if (res.cancel) {
            //再做一遍，重置初始值
            that.setData({
              index:0
            },function(){
              that.changeTimer()
            })
          }
        }
      })
    } else {
      this.data.timer = setTimeout(() => {
        //时间递减
        this.setData({
          count: this.data.count -1
        })
        if (this.data.count <= 0) {
          //当时间到 0，进入下一个动作
          this.setData({
            index: this.data.index + 1,
            count: that.data.total
          })
          this.changeTimer()
```

```
        } else {
          this.changeTimer()
        }
      }, 1000);
    }
  },
  /**
   * 生命周期函数--监听页面显示
   */
  onShow: function() {
    var that = this;
    this.setData({
      count: that.data.total
    })
    this.changeTimer()
  },
  /**
   * 生命周期函数--监听页面隐藏
   */
  onHide: function() {
    clearTimeout(this.data.timer)
  },
  /**
   * 生命周期函数--监听页面卸载
   */
  onUnload: function() {
    clearTimeout(this.data.timer)
  }
})
```

Index 运动页面如图 4.17 所示。

图4.17　index运动页面

4．开发 readme 了解 KEEP 页

KEEP 页用来显示运动规则相关信息，没有逻辑代码，如图 4.18 所示。

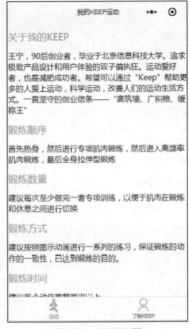

图4.18　KEEP页

1．选择题

（1）在微信小程序中使用（　　　）可以获取手机屏幕的高度。

    A．wx.getFileInfo　　　　　　　　　　B．wx.getSystemInfo

    C．wx.getSetting　　　　　　　　　　　D．wx.request

（2）使用 wx.uploadFile 上传文件时，content-type 类型为（　　　）。

    A．application/x-www-form-urlencoded　B．text/xml

    C．application/json　　　　　　　　　　D．multipart/form-data

（3）在本地缓存中以同步方式删除键为 name 的数据，以下方法正确的（　　　）。

    A．wx.getStorageSync("name")

    B．wx.removeStorage({

      Key:"name"

      })

    C．wx.removeStorageSync("name")

    D．wx.clearStorageSync( )

（4）在微信小程序中把文件保存在本地的 API 是（　　　）。

    A．wx.saveFile( )　　　　　　　　　　B．wx.getFileInfo( )

    C．wx.getSavedFileInfo( )　　　　　　　D．wx.setStorage( )

（5）使用 wx.getLocation 获取当前位置的信息，返回的数据中，（　　　）代表经度。

    A．latitude　　　B．longitude　　　　C．accuracy　　　D．altitude

2．简单题

（1）实现一个待办事项的微信小程序，效果如图 4.19 所示。使用 input 输入框输入新的任务，单击"添加"按钮加入以下任务列表。每项任务后都有"删除"按钮，单击"删除"按钮，删除此项任务。要求把任务保存在本地缓存中，下次打开微信小程序仍然可以看到之前的任务。

图4.19　待办事项

（2）创建考勤注册页面，需要采集用户的姓名、性别、位置和头像等信息。其中用户姓名需要手动输入，性别自动获取，地址从地图选点获取，头像从相册选取或者拍照获取。考勤注册如图 4.20 所示。

图4.20　考勤注册

作业答案

第 5 章

综合案例：豆瓣电影

本章工作任务

- ➤ 任务 5.1　学习微信小程序云开发。
- ➤ 任务 5.2　豆瓣电影项目初始化。
- ➤ 任务 5.3　创建引导页。
- ➤ 任务 5.4　创建首页。
- ➤ 任务 5.5　创建电影列表页。
- ➤ 任务 5.6　创建电影详情页。
- ➤ 任务 5.7　创建搜索页。
- ➤ 任务 5.8　创建"我的"页面。
- ➤ 任务 5.9　发布上线。

本章技能目标

- ➤ 掌握项目的开发流程。
- ➤ 掌握微信小程序云开发。
- ➤ 掌握微信小程序发布上线流程。

本章知识梳理

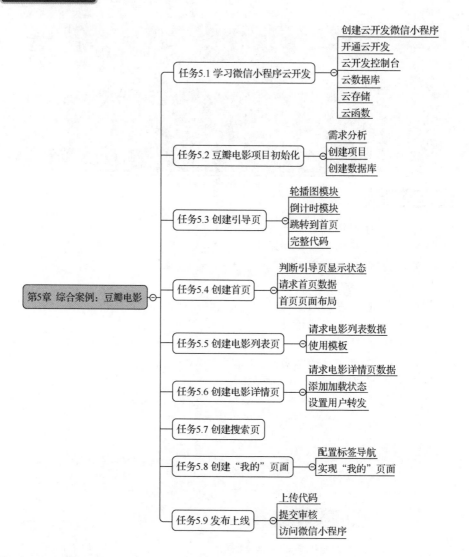

本章简介

前面几个章节讲解了微信小程序常用的组件和 API，了解了微信小程序的基本结构和开发流程。2018 年 8 月，微信具有了云开发的能力，使得人们不用自己搭建服务器，即可使用微信强大的云端。本章将综合运用这些技术开发一个《豆瓣电影》案例，以掌握微信小程序实战开发的方法。扫描二维码预览微信小程序。

豆瓣电影

预习作业

（1）如何创建一个具有云开发能力的微信小程序项目？

（2）微信小程序发布上线有哪些步骤？

任务 5.1　学习微信小程序云开发

云开发不需要开发者搭建服务器，就可以通过平台提供的 API 使用云端能力，大大缩短了微信小程序的开发周期，以极简的使用方式为微信小程序开发者提供了一个云服务器。目前提供以下三大基础能力的支持。

➤　云函数：在云端运行的代码，开发者只需编写自身业务逻辑代码。

➤　数据库：一个既可在微信小程序前端操作，也能在云函数中读写的 JSON 数据库。

➤　存储：在微信小程序前端直接上传/下载云端文件，在云开发控制台可视化管理。

5.1.1　创建云开发微信小程序

使用微信开发者工具新建项目，填入 AppID（使用云开发能力必须填写 AppID），勾选"建立云开发快速启动模板"，单击"确定"按钮即可得到一个具备云开发能力的微信小程序，如图 5.1 所示。

图5.1　创建云开发微信小程序

 注意

（1）云开发没有游客模式，也不可以使用测试号。

（2）project.config.json 中增加了字段 cloudfunctionRoot，用于指定存放云函数的目录。

（3）cloudfunctionRoot 指定的目录有特殊的图标。

（4）云开发能力从基础库 2.2.3 版本开始支持。

Chapter
5

5.1.2 开通云开发

创建第一个云开发微信小程序后，在使用云开发能力之前需要先开通云开发。在开发者工具栏左侧单击"云开发"按钮即可开通云开发，如图 5.2 所示。

图5.2 开通云开发

云开发开通后自动获得一套云开发环境，各个环境相互隔离，每个环境都包含独立的数据库实例、存储空间、云函数配置等资源。每个环境都有唯一的环境 ID 标识，初始创建的环境自动成为默认环境。

5.1.3 云开发控制台

云开发控制台是管理云开发资源的地方，提供以下能力。

➢ 概览：查看云开发基础使用数据。

➢ 用户管理：查看微信小程序用户信息。

➢ 数据库：管理数据库，可查看、增加、更新、查找、删除数据、管理索引、管理数据库访问权限等。

➢ 存储管理：查看和管理存储空间。

➢ 云函数：查看云函数列表、配置、日志和监控。

➢ 统计分析：查看云开发资源具体使用统计信息。

云开发控制台如图 5.3 所示。

图5.3 云开发控制台

5.1.4 云数据库

云开发提供了一个 JSON 数据库。顾名思义, 数据库中的每条记录都是一个 JSON 格式的对象。一个数据库可以有多个集合, 集合可看作一个 JSON 数组, 数组中的每个对象就是一条记录, 记录的格式是 JSON 对象。

1. 添加集合

在云开发控制台切换到数据库标签页, 单击左侧的"添加集合"按钮, 在文本框中输入集合名称, 如图 5.4 所示。

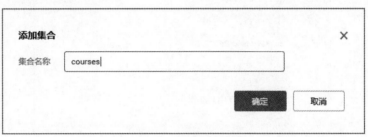

图5.4 新建集合

输入集合名称 courses, 单击"确定"按钮, 就新建了一个集合。

2. 添加数据

给集合添加数据, 可以单击"添加记录"按钮, 添加一条记录, 如图 5.5 所示。

图5.5 添加记录

在图 5.5 中输入要添加的一条记录的字段、类型和值, 添加完成后单击"确定"按钮, 可以看到添加的数据, 如图 5.6 所示。

3. 导入 JSON

也可以通过导入 JSON 文件的方式添加数据。JSON 文件的数据内容如下。

图5.6　集合数据

```
{
    "id":0,
    "title":"HTML 入门",
    "price":"18.8"
}
{
    "id":1,
    "title":"CSS 从入门到精通",
    "price":"16.6"
}
{
    "id":2,
    "title":"JavaScript 精讲",
    "price":"29.8"
}
```

注意

JSON 数据不是数组，各个记录对象之间使用\n 分隔，而非逗号，键名不可以重复。要导入数据，单击"导入（json 或 csv，最大 50MB）"并选择要导入数据的集合，如图 5.7 所示。

图5.7 导入JSON

4. 权限设置

数据库的权限分为 4 个级别。微信小程序端对数据库的操作需要有一定的权限，设置权限在数据库标签页。权限设置如图 5.8 所示。

图5.8 权限设置

这里把权限设置为第一项：所有用户可读，仅创建者及管理员可写。这样，后面的更新和删除数据才有权限。

5. 查询数据

数据库 API 包含增、删、改、查的能力，使用 API 操作数据库只需 3 步：获取数据库引用，构造查询/更新条件，发出请求。下面是一个在微信小程序中查询数据库的例子，如示例 5-1 所示。

示例 5-1：

```
Page({
    onLoad: function (options) {
        const db = wx.cloud.database()
        db.collection('courses').get({
            success(res) {
                console.log(res)
            }
        })
    }
})
```

在上面的代码中，wx.cloud.database()获取数据库的引用，collection 方法获取一个集合的引用，get 方法会触发网络请求，从数据库取数据。从控制台查看返回结果，如图 5.9 所示。

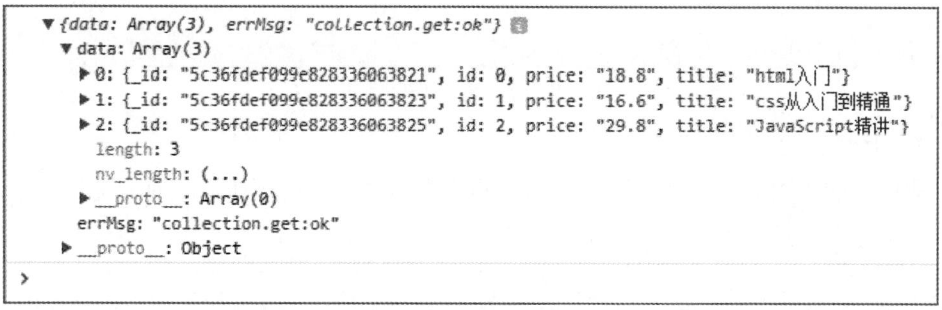

```
▼{data: Array(3), errMsg: "collection.get:ok"} 🔲
  ▼data: Array(3)
    ▶0: {_id: "5c36fdef099e828336063821", id: 0, price: "18.8", title: "html入门"}
    ▶1: {_id: "5c36fdef099e828336063823", id: 1, price: "16.6", title: "css从入门到精通"}
    ▶2: {_id: "5c36fdef099e828336063825", id: 2, price: "29.8", title: "JavaScript精讲"}
      length: 3
      nv_length: (...)
    ▶__proto__: Array(0)
    errMsg: "collection.get:ok"
  ▶__proto__: Object
>
```

图5.9　查询数据

6．条件查询

使用数据库 API 提供的 where 方法可以构造复杂的查询条件，完成复杂的查询任务。假设要查询价格大于 20 元的课程，那么传入对象表示全等匹配的方式就无法满足了，这时需要用到查询指令。数据库 API 提供了大于、小于等多种查询指令，这些指令都暴露在 db.command 对象上。例如，查询价格大于 20 元的课程，代码如示例 5-2 所示。

示例 5-2：

```
Page({
    onLoad: function (options) {
        const db = wx.cloud.database()
        const _ = db.command;
        db.collection('courses').where({
            price: _.gt(20)
        })
        .get({
            success(res) {
                console.log(res.data)
            }
        })
    }
```

```
})
```

gt 方法用于指定一个"大于"条件，此处 _.gt(20) 是一个"大于 20"的条件。API 提供的查询指令如表 5.1 所示。

表 5.1 API 提供的查询指令

查询指令	描述
eq	等于
neq	不等于
lt	小于
lte	小于或等于
gt	大于
gte	大于或等于
in	字段值在给定数组中
nin	字段值不在给定数组中

除此之外，还有逻辑指令 and 和 or，用来指定一个字段需同时满足多个条件，如用 and 逻辑指令查询价格在 20～30 元的课程，代码如下。

```
db.collection('courses').where({
    progress: _.gt(20).and(_.lt(30))
})
.get({
    success(res) {
    console.log(res.data)
    }
})
```

and 方法用于指定一个"与"条件，此处表示需同时满足大于 20 元和小于 30 元两个条件。

7. 插入数据

可以通过在集合对象上调用 add 方法向集合中插入一条记录，代码如示例 5-3 所示。

示例 5-3：

```
Page({
  insert: function(){
    const db = wx.cloud.database()
    db.collection('courses').add({
      data: {
        title: '微信小程序实战开发',
        price:66.6
      },
      success(res) {
        console.log(res)
      }
    })
  }
})
```

5
Chapter

data 字段表示需新增的 JSON 数据，res 是一个对象，其中有_id 字段标记刚创建的记录的 id。

8. 更新数据

使用 update 方法可以局部更新一个记录或一个集合中的记录。局部更新意味着只有指定的字段会得到更新，其他字段不受影响。

例如，可以用以下代码更新一个课程的价格。

```
db.collection('todos').doc('corurses-item-id').update({
    data: {
        price: 36.6
    },
    success(res) {
        console.log(res.data)
    }
})
```

在 doc 方法中传入要更新的数据的 id，就会将此条数据的价格更新为 36.6。

9. 删除数据

删除某条数据，可以使用 remove 方法。在 doc 方法中传入要删除的数据 id，之后调用 remove 方法，代码如下。

```
db.collection('courses').doc('corurses-item-id').remove({
    success(res) {
        console.log(res.data)
    }
})
```

如果要删除多条数据，可通过 where 语句选取多条记录，再使用 remove 删除，代码如下。

```
db.collection('courses').where({price:_.gt(20)}).remove()
```

5.1.5 云存储

云存储提供高可用、高稳定、强安全的云端存储服务，支持任意数量和形式的非结构化数据存储，如视频和图片，并在控制台进行可视化管理。云存储包含以下功能。

➢ 存储管理：支持文件夹，方便文件归类。支持文件的上传、删除、移动、下载、搜索等，并可以查看文件的详情信息。

➢ 权限设置：可以灵活设置哪些用户可以读写该文件夹中的文件，以保证业务的数据安全。

➢ 上传管理：这里可以查看文件上传历史、进度及状态。

➢ 文件搜索：支持文件前缀名称及子目录文件的搜索。

➢ 组件支持：支持在 image、audio 等组件中传入云文件 ID。

下面看看云文件管理提供了哪些 API，以及如何在控制台中管理云文件。

1. 上传文件

在微信小程序端可调用 wx.cloud.uploadFile 方法进行上传，代码如下。

```
wx.cloud.uploadFile({
    cloudPath: 'example.png', // 上传至云端的路径
```

```
    filePath: '', // 微信小程序临时文件路径
    success: res => {
        // 返回文件 ID
        console.log(res.fileID)
    },
    fail: console.error
})
```

上传成功后会获得文件唯一标识符，即文件 ID，后续操作都基于文件 ID，而不是 URL。

2．下载文件

调用 wx.cloud.downloadFile 方法，传入文件 ID 下载文件，用户仅可下载其有访问权限的文件，代码如下所示。

```
wx.cloud.downloadFile({
    fileID: '', // 文件 ID
    success: res => {
        // 返回临时文件路径
        console.log(res.tempFilePath)
    },
    fail: console.error
})
```

3．删除文件

可以通过 wx.cloud.deleteFile 删除文件，代码如下。

```
wx.cloud.deleteFile({
    fileList: ['a7xzcb'],
    success: res => {
        // handle success
        console.log(res.fileList)
    },
    fail: console.error
})
```

fileList 是一个待删除的文件 ID 数组，数组中所有文件都会从云存储中删除。

5.1.6　云函数

云函数即在云端（服务器端）运行的函数，只编写函数代码并部署到云端即可在微信小程序端调用，同时云函数之间也可互相调用。一个云函数的写法与一个在本地定义的 JavaScript 方法无异，代码运行在云端 Node.js 中。当云函数被微信小程序端调用时，定义的代码会被放在 Node.js 运行环境中执行。

在项目根目录的 project.config.json 文件中，可以看到有一个 cloudfunctionRoot 字段，指定云函数根目录。代码如下所示。

```
{
    "cloudfunctionRoot": "cloudfunctions/"
}
```

同时，云函数根目录的图标显示"云目录图标"，云函数根目录下的第一级目录与

云函数的名字相同，如果对应的线上环境存在该云函数，则我们会用一个特殊的"云图标"标明，如图 5.10 所示。

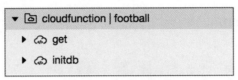

图5.10　云函数图标

下面新建一个云函数。右击云函数根目录，选择"新建 Nodejs 云函数"，将该云函数命名为 addition。开发者工具在本地创建出云函数目录和入口 index.js 文件，同时在线上环境中创建出对应的云函数。创建成功后，工具会提示是否立即本地安装依赖，确定后工具会自动安装 wx-server-sdk。可以看到类似下面的一个云函数模板：

```
// 云函数入口文件
const cloud = require('wx-server-sdk')
cloud.init()
// 云函数入口函数
exports.main = async (event, context) => {
    const wxContext = cloud.getWXContext()
    return {
        event,
        openid: wxContext.OPENID,
        Appid: wxContext.Appid,
        unionid: wxContext.UNIONID,
    }
}
```

云函数的传入参数有两个：一个是 event 对象；一个是 context 对象。event 指的是触发云函数的事件，当微信小程序端调用云函数时，event 就是微信小程序端调用云函数时传入的参数，外加后端自动注入的微信小程序用户的 openid 和微信小程序的 Appid。context 对象包含此处调用的调用信息和运行状态，可以用它了解服务运行的情况。在模板中也默认请求了 wx-server-sdk，这是一个帮助我们在云函数中操作数据库、存储以及调用其他云函数的微信提供的库。

下面修改云函数，完成加法功能，代码如示例 5-4 所示。

示例 5-4：

```
const cloud = require('wx-server-sdk')
cloud.init()
exports.main = async (event, context) => {
    let sum = event.a + event.b;
    return {
        sum
    }
}
```

示例 5-4 中把从微信小程序端传过来的参数 a、b 相加得到 sum，然后把 sum 返回给微信小程序端。

在微信小程序调用这个原函数前，需要先将云函数部署到云端。在云函数目录上右击，从快捷菜单中选择"上传并部署：（云端安装依赖）"选项，之后就会将云函数整体打包上传，并部署到线上环境中。

部署完成后，就可以在微信小程序中调用该云函数了，代码如示例 5-5 所示。

示例 5-5：

index.wxml

```
<button bindtap='cloudFunc'> 调用云函数 </button>
 index.js
Page({
  cloudFunc: function(){
    wx.cloud.callFunction({
      // 云函数名称
      name: 'addition',
      // 传给云函数的参数
      data: {
        a: 1,
        b: 2,
      },
      success(res) {
        console.log(res)
      },
      fail: console.error
    })
  }
})
```

示例 5-5 中，在页面上添加了一个按钮，单击该按钮执行 cloudFunc，在 cloudFunc 里通过 wx.cloud.callFunction 调用云函数，结果如图 5.11 所示。

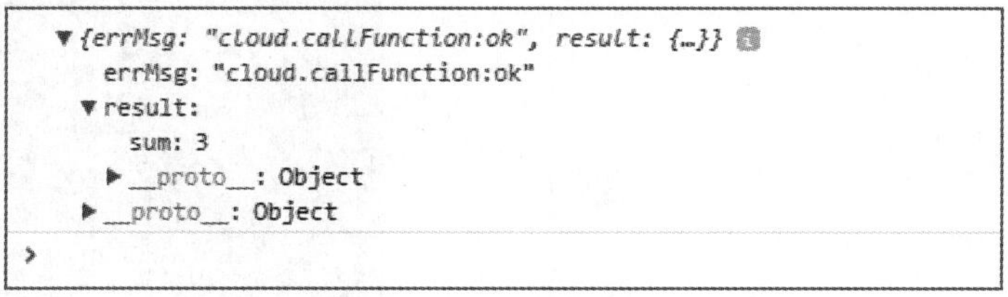

```
▼{errMsg: "cloud.callFunction:ok", result: {…}} 🔳
  errMsg: "cloud.callFunction:ok"
  ▼result:
    sum: 3
    ▶ __proto__: Object
  ▶ __proto__: Object
>
```

图5.11　云函数调用

可以看到，返回结果 sum 等于 3。

任务 5.2　豆瓣电影项目初始化

豆瓣电影微信小程序是一个用来展示正在上映的电影、即将上映的电影和 Top20 电影的微信小程序。本章通过这个案例综合练习前几章学习的微信小程序组件、API 和云开发能力。豆瓣电影微信小程序的主要界面有引导页、首页、电影列表页、电影详情页、搜索页和我的页面，如图 5.12～图 5.17 所示。

图5.12　引导页

图5.13　首页

图5.14　电影列表页

图5.15　电影详情页

图5.16 搜索页

图5.17 我的页面

5.2.1 需求分析

豆瓣电影微信小程序需要具备以下功能。

（1）引导页。第一次打开微信小程序，首先显示的是引导页。引导页通过全屏轮播图的形式展示即将上映的电影。采用 5s 倒计时，用户单击跳过或者倒计时结束跳转到首页。下回再次打开则直接进入首页，不显示引导页。

（2）底部标签导航，共有两个标签页：一个是首页，一个是我的页面。选中的标签页图标和文字颜色为#11998e，如图 5.18 所示。

图5.18 底部标签导航

（3）首页头部有搜索框、banner 轮播两个部分。单击搜索框跳转到搜索页，单击 banner 跳转到电影详情页。往下是正在上映的电影、即将上映的电影和豆瓣电影 Top250。每一部分的下面有一个"更多"的链接，单击"更多"跳转到电影列表页。

（4）电影列表页展示的是电影的列表，每项都有电影封面、电影名称、上映年份和导演信息。

（5）从首页或者列表页单击进入电影详情页。在详情页里展示电影封面、名称、上映年份、评分、导演、主演和简介信息。

（6）在我的页面获取用户信息，展示用户头像和昵称。

5.2.2　创建项目

1．创建云开发项目

使用微信开发者工具新建项目，选择"云开发 QuickStart 项目"，创建一个包含云开发能力的微信小程序项目。

2．导入图标素材

导入图标素材，在本章提供的素材中找到底部标签导航的图标素材目录 icons/，如图 5.19 所示。在 miniprogram/目录下新建 static 目录，把 icons/目录复制到此目录下。

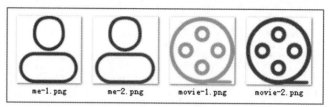

图5.19　导航图标素材

3．引入 WeUI

页面布局使用到 WeUI，在 static 目录下新建 styles 目录，把本章素材 weui 目录下的 weui.wxss 文件复制到 styles 目录中，然后修改 app.wxss 文件，在第一行添加如下所示的代码：

```
@import "static/styles/weui.wxss";
```

5.2.3　创建数据库

1．开通云开发

单击工具栏中的"云开发"按钮，开启云开发控制台。

2．导入数据

切换到数据库标签页，添加新的集合。在豆瓣电影这个项目中需要创建 4 个集合，分别是 coming_soon、in_theaters、top250 和 search。在本章的素材里有一个 json/目录，依次导入对应的 JSON 文件到集合中，结果如图 5.20 所示。

图5.20　数据集合

任务 5.3　创建引导页

用户第一次打开微信小程序时，会显示一个引导页，用来展示即将上映的影片。引导页主要分成两个模块：一个是用来显示即将上映影片的轮播图模块；一个是倒计时模块。

5.3.1　轮播图模块

轮播图模块使用 swiper 组件实现。首先，在 onLoad 生命周期函数里从云数据库中获取即将上映的电影数据，保存在 data 中，然后通过数据绑定显示在页面上。

修改 app.json 配置，在 pages 配置中添加 pages/splash/splash，生成 splash 引导页，代码如下：

```
{
  "pages": [
    "pages/splash/splash",
    "pages/index/index"
  ]
}
```

获取即将上映的电影数据，修改 splash.js 的 onLoad 函数，代码如下：

```
const db = wx.cloud.database();
db.collection('coming_soon').get({
  success: function (res) {
    console.log(res.data[0].subjects)
    that.setData({ subjects: res.data[0].subjects })
  }
})
```

获取到的电影数据使用 setData 保存在 data 的 subjects 中，然后在页面上使用 swiper 组件显示，修改 splash.wxml 代码如下：

```
<swiper style="height: 100%;width: 100%;" indicator-dots>
  <swiper-item wx:for="{{ subjects }}" wx:key="{{ item.id }}" style="flex: 1;">
    <image src="{{ item.images.large }}" mode="aspectFill" style="position: absolute;height:
    100%;width: 100%;opacity: .8;" />
  </swiper-item>
</swiper>
```

5.3.2　倒计时模块

引导页需要在倒计时 5 秒后跳转到 index 首页。所以，获取到电影数据后，开启一个定时器，5 秒倒计时后使用 wx.switchTab 跳转 index 页面，代码如下。

```
var timer = setInterval(function(){
    if(that.data.time > 0){
      that.setData({
        time: that.data.time - 1
      })
```

```
    if(that.data.time == 0){
        clearInterval(timer);
        wx.switchTab({
            url: '/pages/index/index',
        })
    }
}
},1000)
```

在定时器里，判断 time 是否大于 0，若大于 0，则每秒使 time 减 1；若等于 0，则跳转到 index。定时器 setInterval 赋值给 timer，在跳转前使用 clearInterval 清空定时器。

5.3.3　跳转到首页

除了倒计时自动跳转外，用户还可以手动单击"跳转"略过倒计时，直接跳转到首页，代码如下。

```
<navigator open-type='switchTab' url='/pages/index/index'>
    <view class='tiaoguo'>跳过
        <text>{{time}}</text>
    </view>
</navigator>
```

5.3.4　完整代码

splash.wxml 代码：

```
<view style="height: 100%;width: 100%;">
    <navigator open-type='switchTab' url='/pages/index/index'>
        <view class='tiaoguo'>跳过
            <text>{{time}}</text>
        </view>
    </navigator>
    <swiper style="height: 100%;width: 100%;" indicator-dots>
        <swiper-item wx:for="{{ subjects }}" wx:key="{{ item.id }}" style="flex: 1;">
            <image src="{{ item.images.large }}" mode="aspectFill" style="position: absolute;height:
            100%;width: 100%;opacity: .8;" />
        </swiper-item>
    </swiper>
</view>
```

splash.js 代码：

```
Page({
  /**
   * 页面的初始数据
   */
  data: {
    time:5,
    subjects: [],
```

```
    },
    /**
     * 生命周期函数--监听页面加载
     */
    onLoad: function (options) {
        var that = this;
        const db = wx.cloud.database();
        db.collection('coming_soon').get({
            success: function (res) {
                that.setData({ subjects: res.data[0].subjects })
                // 5 秒钟后自动进入主页
                var timer = setInterval(function(){
                    if(that.data.time > 0){
                        that.setData({
                            time: that.data.time - 1
                        })
                        if(that.data.time == 0){
                            clearInterval(timer);
                            wx.switchTab({
                                url: '/pages/index/index',
                            })
                        }
                    }
                },1000)
            }
        })
    }
})
```

splash.wxss 样式代码：

```
.tiaoguo{
    position: absolute;
    top: 20rpx;
    right: 20rpx;
    color: #fff;
    z-index: 100;
}
```

任务 5.4　创建首页

5.4.1　判断引导页显示状态

修改 app.json 配置，使打开的微信小程序首先进入 index 页面，代码如下。

```
{
```

```
"pages": [
    "pages/index/index",
    "pages/splash/splash"
  ]
}
```

进入首页，需要先判断用户是不是第一次打开，如果是第一次打开，则先显示引导页，否则就从数据库请求数据显示在首页。具体做法是：使用本地缓存把 splash 显示状态保存下来，修改 splash.js，在请求数据库 success 回调里添加如下代码。

```
wx.setStorage({
    key: 'isshow',
    data: true
})
```

把 splash 的显示状态保存在 isShow 中，然后在 index 的 onLoad 里判断本地缓存中是否保存了 isshow，如果获取到 isShow 状态为 true，说明已经显示引导页，则请求数据库，否则跳转到引导页，代码如下。

```
onLoad: function (options) {
    wx.getStorage({
        key: 'isshow',
        success: res => {
            //请求数据库代码
        },
        fail: function (res) {
            wx.redirectTo({
                url: '/pages/splash/splash',
            })
        },
    })
}
```

5.4.2　请求首页数据

首页中有搜索框模块、轮播图模块、正在上映电影模块、即将上映电影模块和豆瓣电影 Top250 一共 5 个模块。

正在上映电影、即将上映电影和豆瓣电影 Top250 模块的数据分别从数据库的 in_theaters、coming_soon 和 top250 3 个集合中获取。在 data 的 boards 属性中定义 3 个集合的名称，修改 index.js，代码如下。

```
data: {
    boards: [{ key: 'in_theaters' },
             { key: 'coming_soon' },
             { key: 'top250' }
    ]
}}
```

定义 retrieveData 函数，根据集合名称获取数据，代码如下。

```
retrieveData(index) {
    var that = this;
```

```
const db = wx.cloud.database();
db.collection(this.data.boards[index].key)
.get()
.then(res =>{
    var boards = that.data.boards;
    boards[index].title = res.data[0].title;
    boards[index].movies = res.data[0].subjects;
    that.setData({ boards: that.data.boards });
})
}
```

在 onLoad 函数里，判断 isShow 为 true 后，调用 retrieveData 函数，因为要从 3 个集合中获取数据，所以需要调用 3 次，最终 onLoad 代码如下。

```
onLoad: function (options) {
  wx.getStorage({
    key: 'isShow',
    success: res => {
      this.retrieveData(0)
      this.retrieveData(1)
      this.retrieveData(2)
    },
    fail: function (res) {
      wx.redirectTo({
        url: '/pages/splash/splash',
      })
    },
  })
}
```

5.4.3　首页页面布局

首页数据已经获得了，然后就是把数据显示在页面上。

1．搜索框布局

首页最上面是搜索框，单击搜索框跳转到搜索页面。搜索框页面布局代码如下。

```
<view class="weui-search-bar">
  <navigator url="/pages/search/search"class="weui-search-bar__form">
    <view class="weui-search-bar__box">
      <icon class="weui-icon-search_in-box"
      type="search"size="14"></icon>
      <input type="text" class="weui-search-bar__input" />
    </view>
    <label class="weui-search-bar__label">
      <icon class="weui-icon-search" type="search" size="14"></icon>
      <view class="weui-search-bar__text">搜索</view>
    </label>
  </navigator>
```

```
</view>
```

2．轮播图布局

首页轮播显示的是即将上映的电影数据，单击轮播图跳转到对应的电影详情页面。所以，在 navigator 的 url 上把电影 id 传到 item 详情页面。传递方式是在 url 上拼接 *?参数名=参数值&参数名=参数值* 的方式，代码如下。

```
<swiper style="height:450rpx"
indicator-dots autoplay="true"
interval="5000" duration="1000">
  <swiper-item wx:for="{{ boards[1].movies }}" wx:key="{{ item.id }}">
    <navigator url="/pages/item/item?id={{item.id}}" hover-class="none">
      <image style="height:450rpx;width:750rpx;"
      src="{{ item.images.large }}" mode="aspectFill" />
    </navigator>
  </swiper-item>
</swiper>
```

3．电影模块

所有电影数据已经请求到了，均保存在 boards 中。每个电影模块中又有多个电影数据，所以使用双层 wx:for 循环，外层的 wx:for 用来遍历显示电影模块，内层的 wx:for 用来遍历每个模块的电影，代码如下。

```
<view wx:for="{{ boards }}" wx:key="{{ item.key }}"
  class="weui-panel weui-panel_access">
  <view class="weui-panel__hd">
  {{ item.title }}
  </view>
  <view class="weui-panel__bd">
    <view style="padding:10px"
      class="weui-media-box weui-media-box_appmsg">
      <scroll-view scroll-x>
        <view style="display:flex;">
          <navigator url="/pages/item/item?id={{item.id}}"
            wx:for="{{ item.movies }}" wx:key="{{ item.id }}">
            <view class='movie-item' >
              <image style="width:180rpx;height:250rpx;"
              src="{{ item.images.large }}" mode="aspectFill" />
              <text class="movie-title">{{ item.title }}</text>
            </view>
          </navigator>
        </view>
      </scroll-view>
    </view>
  </view>
  <view class="weui-panel__ft">
    <navigator url="/pages/list/list?type={{item.key}}"
```

```
          class="weui-cell weui-cell_access weui-cell_link">
          <view class="weui-cell__bd">更多</view>
          <view class="weui-cell__ft weui-cell__ft_in-access"></view>
        </navigator>
     </view>
  </view>
```

单击每项也是跳转到电影详情页，url="/pages/item/item?id={{item.id}}"，每个电影模块下都有一个"更多"链接，单击"更多"链接跳转到电影列表页面，url="/pages/list/list?type={{item.key}}"，通过 url 传递集合名称 item.key，显示对应的列表页。

任务 5.5 创建电影列表页

5.5.1 请求电影列表数据

首先创建列表页，在 app.json 的 pages 配置项中添加 pages/list/list，开发者工具自动创建出 list 页面。

首先单击"更多"链接跳转到电影列表页面。在列表页里，获取从首页传递过来的参数 type，根据 type 值从数据库请求对应的电影数据。在 list.js 的 onLoad 生命周期里获取 type，代码如下。

```
onLoad: function (options) {
    var type = options.type || this.data.type;
    this.setData({
        type: type
    })
}
```

然后根据 type 请求数据库，在 list.js 中添加 retrieve 函数，代码如下。

```
retrieve() {
    var that = this;
    wx.showLoading({ title: '加载中' })
    var db = wx.cloud.database();
    db.collection(this.data.type)
    .get()
    .then(res =>{
        if (res.data[0].subjects.length) {
            let movies = that.data.movies.concat(res.data[0].subjects)
            that.setData({ movies: movies})
            wx.setNavigationBarTitle({ title: res.data[0].title })
        }
        wx.hideLoading()
    })
}
```

在请求数据代码之前，使用 wx.showLoading({ title: '加载中' })显示加载框，待数据请求成功之后，隐藏加载框 wx.hideLoading()。

请求到的数据保存在 data 的 movie 属性中，that.setData({ movies: movies})。修改当前页面的导航栏文字 wx.setNavigationBarTitle({ title: res.data[0].title })。

在 onLoad 中调用 retrieve，代码如下。

```
onLoad: function (options) {
    var type = options.type || this.data.type;
    this.setData({
        type: type
    })
    this.retrieve()
}
```

5.5.2 使用模板

微信小程序提供了模板（template）功能。模板是一种类似于组件的功能，把使用频率高、功能单一的代码定义成模板，然后在需要的地方调用。例如，豆瓣电影中有多个列表页，格式相同，内容不同，于是就可以把列表定义成模板，通过传入不同数据显示不同的列表。

在微信小程序中定义模板，使用<template/>定义代码片段，在标签上通过 name 属性定义模板的名字，代码如下。

```
<template name="msgItem">
    <view>
        <text>{{index}}: {{msg}}</text>
        <text>Time: {{time}}</text>
    </view>
</template>
```

在其他页面里通过 is 属性声明需要使用的模板，然后将模板需要的 data 传入，代码如下。

```
<template is="msgItem" data="{{item}}" />
```

接下来，在 list 文件夹下新建 list-template.wxml 文件，使用 template 标签创建模板，定义模板名称 name="list-template"，代码如下。

list-template.wxml：

```
<template name="list-template">
    <scroll-view style="display:inline"
        enable-back-to-top scroll-y bindscrolltolower="loadMorePage">
        <view class="weui-panel">
            <view class="weui-panel__bd">
                <navigator wx:for="{{ movies }}"
                    wx:key="{{ item.id }}"
                    url="/pages/item/item?id={{ item.id }}"
                    class="weui-media-box weui-media-box_appmsg"
                    hover-class="weui-cell_active">
                    <view class="weui-media-box__hd weui-media-box__hd_in-appmsg"
                        style="height:inherit;width:120rpx">
```

```
              <image style="width: 128rpx;height: 168rpx;"
                class="weui-media-box__thumb" src="{{ item.images.small }}" />
            </view>
            <view class="weui-media-box__bd weui-media-box__bd_in-appmsg">
              <view class="weui-media-box__title">{{ item.title }}</view>
              <view class="weui-media-box__desc">
                {{ item.original_title }} ({{ item.year }})
              </view>
              <view class="weui-media-box__info">
                导演：
                <block wx:for="{{ item.directors }}"
                  wx:key="{{ item.id }}"> {{ item.name }}
                </block>
              </view>
            </view>
            <view class="weui-media-box__ft">
              <view class="weui-badge">{{ item.rating.average }}</view>
            </view>
          </navigator>
        </view>
      </view>
    </scroll-view>
</template>
```

在 list.wxml 文件中使用模板，代码如下。

list.wxml：

```
<import src="list-template" />
<template is="list-template" data="{{ movies }}" />
```

首先通过 import 标签导入模板，然后通过 template 的 is 属性声明需要使用的模板，最后把电影数据传入 data。

任务 5.6　创建电影详情页

5.6.1　请求电影详情页数据

在首页或列表页单击进入电影详情页。修改 app.json，添加 item 详情页配置，代码如下。

```
{
  "pages": [
    "pages/index/index",
    "pages/splash/splash",
    "pages/list/list",
    "pages/item/item"
```

```
            ]
        }
```

接下来，在 item.js 中请求 subject 集合数据，代码如下。

```
var db = wx.cloud.database();
db.collection("subject")
.get()
.then(res =>{
    console.log(res)
    that.setData({ movie: res.data[0]});
})
```

在实际开发中会使用从上一页面传过来的 id 作为参数，请求服务器当页的详情数据。本案例中直接使用 subject 集合的第一条数据作为详情页数据。

把请求到的数据保存在 data 的 movie 属性中显示在页面上。详情页的代码如下。

```
<view class="weui-article">
    <view class="weui-article__section">
        <image class="weui-article__img" src="{{ movie.images.large }}"
        mode="aspectFit" style="width: 100%;height: 800rpx" />
    </view>
    <view class="weui-article__h1">{{ movie.title }}({{ movie.year }}))</view>
    <view class="weui-article__section">
        <view class="weui-media-box__info" style="margin-top:10rpx;">
            <view class="weui-media-box__info__meta">评分：{{ movie.rating.average }}</view>
        </view>
        <view class="weui-media-box__info" style="margin-top:10rpx;">
            <view class="weui-media-box__info__meta">导演：
                <block wx:for="{{ movie.directors }}" wx:key="{{ item.id }}"> {{ item.name }} </block>
            </view>
        </view>
        <view class="weui-media-box__info" style="margin-top:10rpx;">
            <view class="weui-media-box__info__meta">主演：
                <block wx:for="{{ movie.casts }}" wx:key="{{ item.id }}"> {{ item.name }} </block>
            </view>
        </view>
    </view>
    <view class="weui-article__section">
        <view class="weui-article__p">
            {{ movie.summary }}
        </view>
    </view>
</view>
```

5.6.2 添加加载状态

从数据库请求数据到显示内容之间页面会有一段空白，为了提高用户体验，可以在页面内容出现之前先显示 loading 状态，等页面内容全部渲染完后再隐藏 loading，代码如下。

```
onLoad: function (options) {
    var that = this;
    wx.showLoading({
        title: '加载中',
    })
    var db = wx.cloud.database();
    db.collection("subject")
    .get()
    .then(res =>{
        console.log(res)
        that.setData({ movie: res.data[0] },function(){
            wx.hideLoading()
        });
        wx.setNavigationBarTitle({ title: res.data[0].title });
    })
}
```

5.6.3 设置用户转发

用户觉得好看的电影会转发给好友。在 page 函数内添加 onShareAppMessage，通过这个事件函数，可以监听用户单击右上角的"转发"按钮，代码如下。

```
onShareAppMessage: function(){
    let movie = this.data.movie;
    return{
        title:"我正在看《"+movie.title + "》推荐给你", //转发显示的标题
        path: '/pages/item/item', //设置分享的页面
        success: function (res) {
            console.log("转发成功")
        },
        fail: function (res) {
            console.log("转发失败")
        }
    }
}
```

任务 5.7 创建搜索页

在首页单击搜索框跳转到搜索页面。在搜索页面输入搜索关键字，显示出匹配的结果。

首先添加搜索页面，在 app.json 中的 pages 配置项添加 pages/search/search，创建搜

索页。

使用 WeUI 组件库提供的搜索框组件实现搜索页面，代码如下。

搜索页面代码：

```
<view class="weui-search-bar">
  <view class="weui-search-bar__form">
    <view class="weui-search-bar__box">
      <icon class="weui-icon-search_in-box" type="search" size="14"></icon>
      <input type="text" class="weui-search-bar__input"
        value="{{searchWords}}" focus="{{searchInputFocus}}"
        bindInput="onSearchInputType" />
      <!--清空内容的 icon-->
      <view class="weui-icon-clear" wx:if="{{searchWords.length > 0}}"
        bindTap="clearSearchInput">
        <icon type="clear" size="14"></icon>
      </view>
    </view>
    <!-- 单击取消后搜索框显示的文字 -->
    <label class="weui-search-bar__label" hidden="{{searchInputFocus}}"
      bindTap="showSearchInput">
      <icon class="weui-icon-search" type="search" size="14"></icon>
      <view class="weui-search-bar__text">搜索</view>
    </label>
  </view>
  <view class="weui-search-bar__cancel-btn" hidden="{{!searchInputFocus}}"
    bindTap="onTapSearchBtn">
    <block wx:if="{{searchWords.length == 0}}">取消</block>
    <block wx:else>搜索</block>
  </view>
</view>


<!--即时搜索词列表-->
<view class="weui-cells searchbar-result" wx:if="{{wordsList.length > 0}}">
  <navigator url="/pages/item/item?id={{item.id}}"
    wx:for="{{wordsList}}" wx:key="{{item.id}}"
    class="weui-cell">
    <view class="weui-cell__bd">
      <view>{{item.title}}</view>
    </view>
  </navigator>
</view>
```

input 组件用于绑定事件，当用户输入时，获取用户输入的内容，从数据库请求 search 集合，展示实时搜索结果，如图 5.21 所示。

图5.21 搜索页面

search.js 完整代码如下。

```
Page({
  data: {
    searchInputFocus: true,
    searchWords: "",
    wordsList: [],
    movies: []
  },
  onTapSearchBtn() {
    this.setData({
      searchInputFocus: false,
      searchWords: "",
      wordsList: []
    });
  },
  showSearchInput() {
    this.setData({
      searchInputFocus: true
    });
  },
  // 清空输入框中的内容
  clearSearchInput() {
    this.setData({
      searchWords: ""
    });
  },
  // 在搜索框中输入内容
  onSearchInputType(e) {
```

```
            var that = this;
            let words = e.detail.value
            this.setData({
              searchWords: words
            });
            var db = wx.cloud.database();
            db.collection("search")
              .get()
              .then(res => {
                console.log(res)
                if (res.data[0].subjects.length) {
                  that.setData({
                    wordsList: res.data[0].subjects
                  });
                }
              })
          }
        })
```

任务 5.8 创建"我的"页面

5.8.1 配置标签导航

单击底部的标签导航，切换"首页"和"我的"页面。修改 app.json 配置，添加 pages/me/me，创建"我的"页面。

添加 tabBar 配置，显示"首页"和"我的"标签。app.json 最终的代码如下。

```
{
  "pages": [
    "pages/index/index",
    "pages/splash/splash",
    "pages/item/item",
    "pages/list/list",
    "pages/search/search",
    "pages/me/me"
  ],
  "window": {
    "backgroundTextStyle": "light",
    "navigationBarBackgroundColor": "#11998e",
    "navigationBarTitleText": "豆瓣电影",
    "navigationBarTextStyle": "#fff"
  },
  "tabBar": {
    "selectedColor":"#11998e",
```

```
    "list": [{
      "pagePath": "pages/index/index",
      "text": "首页",
      "iconPath": "static/icons/movie-1.png",
      "selectedIconPath": "static/icons/movie-2.png"
    },
    {
      "pagePath": "pages/me/me",
      "text": "我的",
      "iconPath": "static/icons/me-1.png",
      "selectedIconPath": "static/icons/me-2.png"
    }]
  }
}
```

5.8.2　实现"我的"页面

在"我的"页面里获取用户信息，显示用户的头像和昵称。页面布局代码如下。

```
<view>
  <view class='banner'>
    <view class="userinfo">
      <button wx:if="{{!hasUserInfo && canIUse}}" open-type="getUserInfo" bindgetuserinfo=
      "getUserInfo"> 获取头像昵称 </button>
      <block wx:else>
        <image bindTap="bindViewTap" class="userinfo-avatar" src="{{userInfo.avatarUrl}}"
        background-size="cover"></image>
        <text class="userinfo-nickname">{{userInfo.nickName}}</text>
      </block>
    </view>
  </view>
  <view class="page__bd">
    <view class="weui-panel__ft">
      <view class="weui-cell weui-cell_access">
        <view class="weui-cell__bd">我的收藏</view>
        <view class="weui-cell__ft weui-cell__ft_in-access"></view>
      </view>
    </view>
    <view class="weui-panel__ft">
      <view class="weui-cell weui-cell_access">
        <view class="weui-cell__bd">查看更多</view>
        <view class="weui-cell__ft weui-cell__ft_in-access"></view>
      </view>
    </view>
  </view>
</view>
```

在 index.js 里获取用户信息，代码如下。

```
//index.js
//获取应用实例
const app = getApp()
Page({
  data: {
    motto: 'Hello World',
    userInfo: {},
    hasUserInfo: false,
    canIUse: wx.canIUse('button.open-type.getUserInfo')
  },

  onLoad: function () {
    if (app.globalData.userInfo) {
      this.setData({
        userInfo: app.globalData.userInfo,
        hasUserInfo: true
      })
    } else if (this.data.canIUse) {
      // 由于 getUserInfo 是网络请求，可能在 Page.onLoad 之后才返回
      // 所以此处加入 callback，以防止这种情况
      app.userInfoReadyCallback = res => {
        this.setData({
          userInfo: res.userInfo,
          hasUserInfo: true
        })
      }
    } else {
      // 没有 open-type=getUserInfo 版本的兼容处理
      wx.getUserInfo({
        success: res => {
          app.globalData.userInfo = res.userInfo
          this.setData({
            userInfo: res.userInfo,
            hasUserInfo: true
          })
        }
      })
    }
  },
  getUserInfo: function (e) {
    console.log(e)
    app.globalData.userInfo = e.detail.userInfo
    this.setData({
```

```
        userInfo: e.detail.userInfo,
        hasUserInfo: true
      })
    }
  })
```

任务 5.9　发布上线

5.9.1　上传代码

项目开发完成之后，一旦测试没有问题，就可以发布上线了。

首先需要上传代码，单击工具栏上的"上传"按钮，在文本框中输入版本号和项目备注，如图 5.22 所示。

图5.22　上传代码

上传成功之后，登录微信小程序管理后台-管理-版本管理-开发版本，就可以找到刚提交上传的版本了。

微信小程序的版本分为开发版本、审核版本和线上版本。

➢　开发版本：使用开发者工具可将代码上传到开发版本中。开发版本只保留每人一份最新上传的代码。

单击"提交审核"按钮，可将代码提交审核。开发版本可删除，不影响线上版本和审核中版本的代码。

➢　审核版本：只能有一份代码处于审核中。有审核结果后可以发布到线上，也可直接重新提交审核，覆盖原审核版本。

➢　线上版本：线上所有用户使用的代码版本。该版本代码在新版本代码发布后被覆盖更新。

5.9.2　提交审核

单击开发版本上的"提交审核"按钮，跳转到配置功能页面，如图 5.23 所示。

填写功能页面，如果微信小程序有多个功能页面，可以单击添加功能页面增加功能页面配置表单。填写微信小程序标题，选择服务类目，需要注意功能页面和服务类目必须一一对应，且功能页面提供的内容必须符合该类目范围，否则有可能审核不通过。最后填写标签，标签是对微信小程序主要功能描述的关键词，准确的标签有利于微信小程序被搜索到。填写完成后，单击"提交审核"按钮。

图5.23　配置功能页面

审核周期为 1～3 天。关注"微信公众平台"公众号，待审核通过后，公众号会自动推送消息到管理员微信上，这时就可以再次登录微信小程序管理后台，单击管理→版本管理→审核版本，可以看到审核已经通过。单击"提交发布"按钮，如图 5.24 所示，微信小程序就完成了上线。

图5.24　提交发布

发布成功后，就可以在版本管理中看到发布成功的线上版本了，如图 5.25 所示。

图5.25　线上版本

5.9.3　访问微信小程序

微信小程序上线之后，就可以正常访问了。有两种方式可以找到自己开发的微信小程序：一种方式是打开微信→发现→微信小程序页面，在搜索框中输入微信小程序名称进行搜索；另一种方式是登录微信小程序管理后台，找到设置→基本设置→微信小程序码及线下物料下载，单击"下载"，即可下载微信小程序二维码和微信小程序码。使用微信扫码即可打开微信小程序。

→本章作业

1. 选择题

（1）在微信小程序中，调用云数据库查询集合 student 中分数 score 大于 80 分的学生，以下语句正确的是（　　）。

  A. db.collection("student").where({

   score: _.gte(80)

  })

  B. db.collection("student").where({

   score: _.lt(80)

  })

  C. db.collection("student").where({

   score: _.gt(80)

  })

  D. db.collection("student").where({

   score: _.eq(80)

  })

（2）在微信小程序中，调用云数据库查询集合 student 中分数 score 在 60～80 分的学生，以下语句正确的是（　　）。

  A. db.collection("student").where({

   score:_.gt(80).and(_.lt(60))

  })

  B. db.collection("student").where({

   score:_.gt(60).and(_.lt(80))

  })

  C. db.collection("student").where({

   score:_.gt(60).or(_.lt(80))

  })

  D. 以上答案都不正确

（3）使用云存储上传文件的 API 是（　　）。

  A. wx.cloud.uploadFile( )　　　　　　B. wx.cloud.downloadFile( )

  C. wx..uploadFile( )　　　　　　　　D. wx..downloadFile( )

（4）云数据库支持哪些格式的文件导入数据库？（多选题）（　　）。

  A. JSON　　　　B. XML　　　　C. CSV　　　　D. jsonp

2. 简答题

（1）举例说明如何调用云函数？

（2）在云数据库中，通过导入 JSON 的方式导入数据，JSON 的格式有什么要求？

（3）条件查询指令有哪些？如何使用查询指令，举例说明。

作业答案

第 6 章

使用 WePY 开发微信小程序

本章技能目标

➢ 掌握使用 WePY 开发微信小程序。
➢ 掌握图表插件 wx-charts 的使用。

本章知识梳理

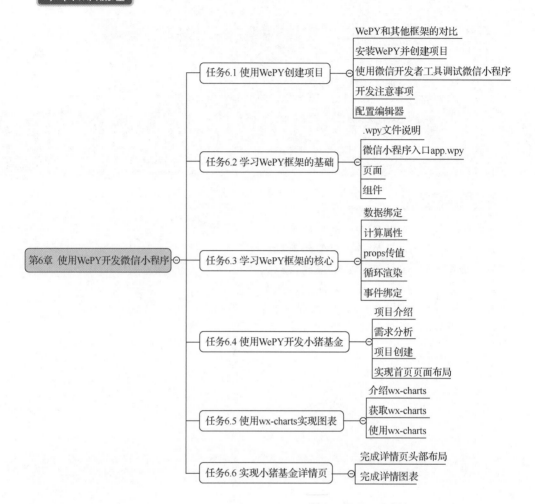

本章简介

经过前面几个章节的系统学习，我们掌握了微信小程序的基本开发、上线流程、微信小程序常用的组件和 API 以及微信小程序新推出的云开发功能，已经具备了独立开发一款微信小程序的能力。然而，在企业实际的项目开发中，往往会借助一些开发框架提高开发效率，如在 Web 前端开发中使用 Vue 框架。同样，在微信小程序开发中也有类似的框架。本章将要介绍的就是这样一款框架，叫作 WePY。

WePY 是腾讯官方开发的微信小程序开发框架，借鉴了 Vue 的语法，使开发者可以更快速地学习微信小程序开发，提高工作效率。下面详细介绍 WePY。

预习作业

（1）如何安装 WePY 脚手架工具？

（2）如何预览使用 WePY 开发的微信小程序？

（3）如何在项目中引入 wx-charts？

任务 6.1　使用 WePY 创建项目

6.1.1　WePY 和其他框架的对比

WePY 通过预编译手段使微信小程序支持组件化，类 Vue.js 风格的开发模式，让开发者可以像普通 Web 应用一样开发微信小程序。

现在市面上流行的微信小程序开源框架有很多，比较成熟的有 Taro、mpvue 和 WePY，下面对这三款框架做一个对比，如表 6.1 所示。

表 6.1　Taro、mpvue、WePY 和原生微信小程序的对比

对比项	WePY	mpvue	Taro
开发团队	腾讯	美团	京东
语法风格	类 Vue 规范	Vue 规范	React 标准、支持 JSX
多端复用	H5、微信、支付宝	H5、支付宝	H5、微信小程序、RN
集中数据管理	Redux/Mobox	Vuex	Redux
上手成本	熟悉 Vue	熟悉 Vue	熟悉 React
组件化	自定义组件规范	Vue 组件规范	React 组件规范
脚手架	Wepy-cli	Vue-cli	Taro-cli
构建工具	框架内置构建工具	webpack	webpack
样式规范	Less/Sass/Styus/PostCss	Less/Sass/PostCss	Less/Sass/PostCss

在 Github 上，WePY 拥有最高的 star 数量，目前 WePY 的社区环境良好，有腾讯的官方支持，相信未来会有更好的发展。如果想了解更多关于这 3 个框架的对比，请扫描二维码查看更详细的对比和分析。

微信小程序
开发框架对比

如何安装
Nodejs

6.1.2　安装 WePY 并创建项目

1. 安装 WePY

WePY 的安装或更新都通过 npm 进行，请先确保计算机上已经安装了 Nodejs，如果没有安装，就扫描二维码查看如何安装 Nodejs。

在计算机上全局安装 WePY 命令行工具，启动命令行工具。

输入安装命令：npm install wepy-cli -g，如图 6.1 所示。

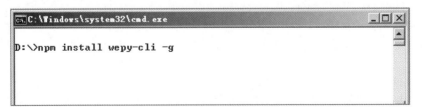

图6.1　安装WePY

2．创建项目

在命令行工具输入 wepy init standard myproject 创建项目，myproject 是项目名称，可以自己定义。

3．安装项目依赖

项目创建好之后，使用命令行工具进入到项目目录下，执行 cd myproject，进入到 myproject 项目目录下，然后执行 npm install 命令安装项目所需依赖包。

4．开启实时编译

使用 WePY 框架开发的微信小程序需要编译后才能运行，执行命令 wepy build --watch 编译微信小程序。

5．WePY 项目的目录结构

WePY 创建的项目目录结构如图 6.2 所示。

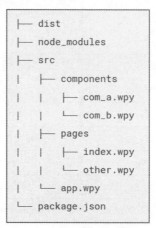

```
├── dist
├── node_modules
├── src
│     ├── components
│     │     ├── com_a.wpy
│     │     └── com_b.wpy
│     ├── pages
│     │     ├── index.wpy
│     │     └── other.wpy
│     └── app.wpy
└── package.json
```

图6.2　WePY创建的项目目录结构

各个目录和文件的含义如下。

➢ dist：微信小程序运行代码目录，把该目录导入微信开发者工具即可预览微信小程序。

➢ node_modules：依赖包目录，使用 npm install 命令安装的依赖文件都保存在此目录下。

➢ src：代码编写的目录，以后开发编写代码都在此目录下进行。

➢ components：在 src 目录下，保存组件文件。

➢ com_a.wpy：在 components 目录下，是一个可复用的 WePY 组件 a。

➢ pages：页面目录，保存页面文件。

➢ index.wpy：页面文件，在 pages 目录下，经创建后，会在 dist 目录下的 pages 目录生成 index.js、index.json、index.wxml 和 index.wxss 文件。

➢ app.wpy：在 src 目录下，微信小程序配置项，包括全局数据、样式、声明钩子等；经创建后，会在 dist 目录下生成 app.js、app.json 和 app.wxss 文件。

➢ package.json：项目的 package 配置。

由于 WePY 借鉴了 Vue 的语法风格和功能特性，如果之前从未接触过 Vue，建议扫描二维码学习 Vue。

Vue学习教程

6.1.3　使用微信开发者工具调试微信小程序

WePY 创建好的项目经过创建之后生成 dist 目录，可使用微信开发者工具打开此目录，如图 6.3 所示。

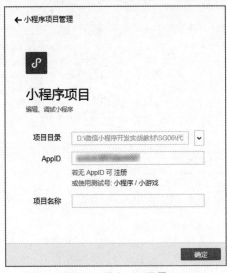

图6.3　导入dist目录

6.1.4　开发注意事项

项目启动后显示的页面如图 6.4 所示。

图6.4　启动页面

这时查看控制台，有可能出现一个错误，如图6.5所示。

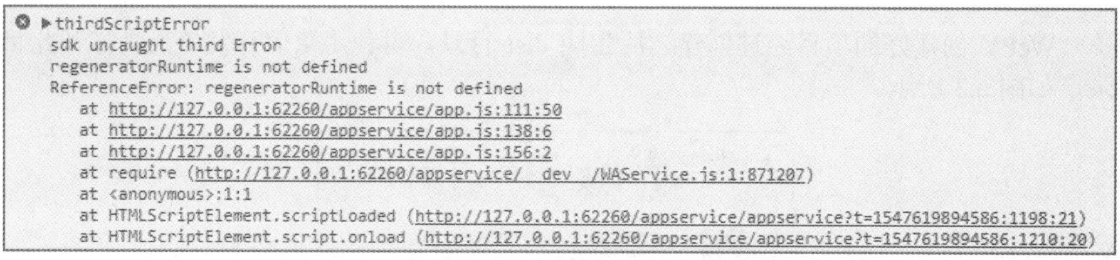

```
⊗ ▶thirdScriptError
sdk uncaught third Error
regeneratorRuntime is not defined
ReferenceError: regeneratorRuntime is not defined
    at http://127.0.0.1:62260/appservice/app.js:111:50
    at http://127.0.0.1:62260/appservice/app.js:138:6
    at http://127.0.0.1:62260/appservice/app.js:156:2
    at require (http://127.0.0.1:62260/appservice/__dev__/WAService.js:1:871207)
    at <anonymous>:1:1
    at HTMLScriptElement.scriptLoaded (http://127.0.0.1:62260/appservice/appservice?t=1547619894586:1198:21)
    at HTMLScriptElement.script.onload (http://127.0.0.1:62260/appservice/appservice?t=1547619894586:1210:20)
```

图6.5　控制台报错

出现这个错误的原因是开发者工具默认开启了 ES6 转 ES5，单击工具栏中的"详情"按钮，找到"ES6 转 ES5"选项，取消勾选即可，如图6.6所示。

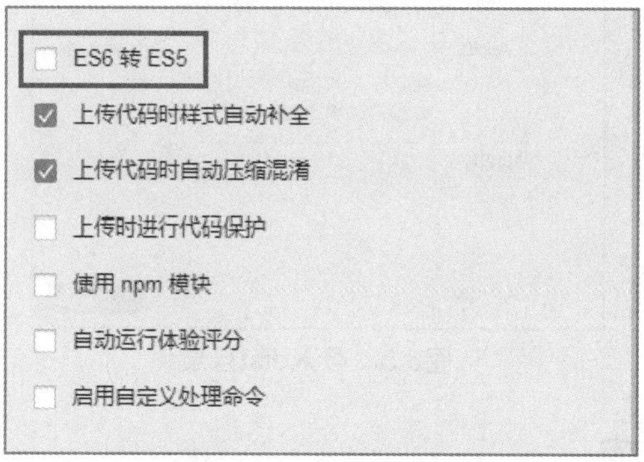

图6.6　取消ES6转ES5

除此之外，上传代码时样式自动补全和上传代码时自动压缩混淆也可能导致项目报错，如果出现了错误，可以尝试取消勾选这两项。

还有一种方式可以修改项目的配置：打开 dist 根目录的 project.config.json 文件，内容如下。

```
{
    "description": "项目配置文件",
    "packOptions": {
        "ignore": []
    },
    "setting": {
        "urlCheck": true,
        "es6": false,
        "postcss": false,
        "minified": false,
        "newFeature": true,
        "autoAudits": false
    },
    "compileType": "miniprogram",
    "libVersion": "2.5.0",
    "appid": "wxdcdc9f97b9e44567",
    "projectname": "myproject"
```

}

修改 setting 配置项。

➢　es6：对应关闭"ES6 转 ES5"。注意：未关闭会运行报错。

➢　postcss：对应关闭"上传代码时样式自动补全"。注意：某些情况下漏掉此项也会运行报错。

➢　minified：对应关闭"上传代码时自动压缩混淆"。注意：开启后会导致真机 computed、props.sync 等属性失效。

6.1.5　配置编辑器

由于 WePY 的开发文件以.wpy 结尾，所以大部分的代码编辑器无法识别，需要安装插件才可以实现代码高亮显示。以 VSCode 编辑器为例，配置步骤如下。

（1）在编辑器插件栏中搜索 Vetur，如图 6.7 所示。

图6.7　安装Vetur插件

（2）打开任意.wpy 文件，单击右下角的选择语言模式，默认为纯文本，在弹出的窗口中选择.wpy 的配置文件关联，如图 6.8 所示。

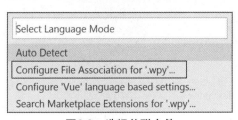

图6.8　选择关联文件

之后在选择要与.wpy 关联的语言模式中选择 Vue。

任务 6.2　学习 WePY 框架的基础

WePY 框架使用了.wpy 文件，这个文件把原生微信小程序中的.wxml、.wxss、.js、.json

文件合四为一。项目的入口文件、页面文件和组件文件都采用了这种格式的文件。下面详细介绍一下每种文件的构成。

6.2.1 .wpy 文件说明

一个.wpy 文件可分为三大部分，每部分各对应一个标签。

（1）脚本部分，即<script></script>标签中的内容，又可分为两个部分：

➢ 逻辑部分，除 config 对象之外的部分，对应原生的.js 文件。

➢ 配置部分，即 config 对象，对应原生的.json 文件。

（2）结构部分，即<template></template>模板部分，对应原生的.wxml 文件。

（3）样式部分，即<style></style>样式部分，对应原生的.wxss 文件。

其中，微信小程序入口文件 app.wpy 不需要 template，所以编译时会被忽略。.wpy 文件中的 script、template、style 这 3 个标签都支持 lang 和 src 属性，lang 决定了其代码编译过程，src 决定是否外联代码，存在 src 属性且有效时，会忽略内联代码。如下面的代码所示。

```
<style lang="less" src="page1.less"></style>
<template lang="wxml" src="page1.wxml"></template>
```

各标签对应的 lang 值如表 6.2 所示。

表 6.2 各标签对应的 lang 值

标签	lang 默认值	lang 支持值
style	css	css、less、scss、stylus、postcss
template	wxml	wxml、xml、pug（原 jade）
script	babel	babel、TypeScript

6.2.2 微信小程序入口 app.wpy

入口文件 app.wpy 中声明的微信小程序实例继承自 wepy.app 类，包含一个 config 属性和其他全局属性、方法、事件和生命周期函数。其中 config 属性对应原生的 app.json 文件，build 编译时会根据 config 属性自动生成 app.json 文件，示例代码如下。

```
<script>
import wepy from 'wepy';
export default class extends wepy.app {
    config = {
        "pages":[
            "pages/index/index"
        ],
        "window":{
            "backgroundTextStyle": "light",
            "navigationBarBackgroundColor": "#fff",
            "navigationBarTitleText": "WeChat",
            "navigationBarTextStyle": "black"
        }
    };
    onLaunch() {
```

```
            console.log(this);
        }
    }
</script>

<style lang="less">
/** less **/
</style>
```

6.2.3　页面

页面文件保存在 src/pages/目录下，文件中声明的页面实例继承自 wepy.page 类，该类的主要属性如表 6.3 所示。

表 6.3　wepy.page 类的主要属性

属性	说明
config	页面配置对象，对应原生的 page.json 文件，类似于 app.wpy 中的 config
components	页面组件列表对象，声明页面引入的组件列表
data	页面渲染数据对象，存放可用于页面模板绑定的渲染数据
methods	wxml 事件处理函数对象，存放响应 wxml 中捕获到的事件的函数，如 bindtap、bindchange
events	WePY 组件事件处理函数对象，存放响应组件之间通过$broadcast、$emit、$invoke 传递的事件的函数
其他	微信小程序页面生命周期函数，如 onLoad、onReady 等，以及其他自定义的方法与属性

页面文件示例代码如下所示。

```
<script>
import wepy from 'wepy';
import Counter from '../components/counter';

export default class Page extends wepy.page {
    config = {};
    components = {counter1: Counter};

    data = {};
    methods = {};

    events = {};
    onLoad() {};
    // Other properties
}
</script>

<template lang="wxml">
    <view>
    </view>
    <counter1></counter1>
```

```
</template>

<style lang="less">
/** less **/
</style>
```

6.2.4　组件

组件文件保存在 src/components/目录下，文件中声明的组件实例继承自 wepy.component 类，除了不需要 config 配置以及页面特有的一些生命周期函数外，其属性与页面属性大致相同。示例代码如下。

```
<template lang="wxml">
    <view>  </view>
</template>
<script>
import wepy from 'wepy';
export default class Com extends wepy.component {
    components = {};
    data = {};
    methods = {};
    events = {};
    // 其他属性
}
</script>
<style lang="less">
/** less **/
</style>
```

当页面需要引入组件或组件需要引入子组件时，必须在.wpy 文件的<script>脚本部分先导入组件文件，然后在 components 对象中给组件声明唯一的组件 ID，接着在<template>模板部分添加以 components 对象中声明的组件 ID 进行命名的自定义标签，以插入组件。代码如下所示。

```
<template>
<!-- 以脚本部分声明的组件 ID 为自定义标签，从而在模板部分插入组件 -->
    <child></child>
</template>
<script>
    import wepy from 'wepy';
    //引入组件文件
    import Child from '../components/child';
    export default class Index extends wepy.component {
        //声明组件，分配组件 ID 为 child
        components = {
            child: Child
        };
    }
```

```
</script>
```

任务 6.3 学习 WePY 框架的核心

WePY 框架采用类似 Vue 的语法开发微信小程序，但又和 Vue 以及微信微信小程序有些不同，下面就开发中经常使用的功能进行分析。

6.3.1 数据绑定

在微信小程序中，是通过 setData 方法绑定数据的，代码如下所示。

```
this.setData({title: 'hello Earth'});
```

WePY 对 setData 进行了封装，可以更加简洁地修改数据实现绑定，不用重复写 setData 方法，示例代码如下。

```
this.title = 'this is Earth';
```

需要注意的是，在异步函数中更新数据的时候，必须手动调用 $apply 方法，代码如示例 6-1 所示。

示例 6-1：

```
<template>
  <view>
    <view>title 在 3s 后发生变化：{{title}}</view>
  </view>
</template>
<script>
import wepy from 'wepy'
export default class Demo1    extends wepy.page{
    data = {
        title: "变化之前的 title"
    }
    onLoad(){
        setTimeout(() => {
            this.title = '变化之后的 title';
            this.$apply();
        }, 3000);
    }
}
</script>
```

在示例 6-1 中，3s 后把 title 改变成"变化之后的 title"，页面显示效果如图 6.9 所示。

图6.9 数据绑定

6.3.2 计算属性

计算属性 computed 是一个有返回值的函数，可直接被当作绑定数据使用。因此，类似于 data 属性，代码中可通过 this.*计算属性名* 引用，模板中也可通过 {{ *计算属性名* }} 绑定数据。需要注意的是，组件中任何数据发生改变，所有计算属性就都会被重新计算，代码如示例 6-2 所示。

示例 6-2：

```
<template>
  <view>
    <view>data 属性中的 a 属性：{{a}}</view>
    <view>计算属性 aPlus：{{aPlus}}</view>
  </view>
</template>
<script>
import wepy from 'wepy'
export default class Demo1    extends wepy.page{
    data = {
        a: 1
    }
    computed = {
        aPlus () {
            return this.a + 1
        }
    }
}
</script>
```

页面显示效果如图 6.10 所示。

图6.10 计算属性

6.3.3 props 传值

props 传值在 WePY 中属于父子组件之间传值的一种机制，包括静态传值与动态传值。

在 props 对象中声明需要传递的值，静态传值与动态传值的声明略有不同，具体可参看下面的示例代码。

1．静态传值

静态传值为父组件向子组件传递常量数据，因此只能传递 String 字符串类型。在父组件 template 模板部分的组件标签中，使用子组件 props 对象中声明的属性名作为其属性名接收父组件传递的值，如下面的代码所示。

在父组件中传值：

```
<template>
    <child title="mytitle"></child>
</template>
```

在子组件中获取：

```
<script>
    import wepy from 'wepy'
    export default class Index extends wepy.page {
        props = {
            title: String
        }
        onLoad () {
            console.log(this.title); // 标题
        }
    }
</script>
```

2．动态传值

动态传值是指父组件向子组件传递动态数据内容，父子组件数据完全独立，互不干扰，如下面的代码所示。

parent.wpy 父组件：

```
<template>
    <child :title="parentTitle"></child>
</template>
<script>
    import Child from '../components/child';
    export default class Index extends wepy.page {
        data = {
            parentTitle: 'p-title'
        }
        components = {
            child: Child
        }
    }
</script>
```

child.wpy 子组件：

```
<script>
    import wepy from 'wepy'
    export default class Index extends wepy.page {
        props = {
            // 静态传值
            title: String,
        }
        onLoad () {
```

```
                console.log(this.title); // p-title
            }
        }
    </script>
```

6.3.4　循环渲染

当需要循环渲染 WePY 组件时（类似于通过 wx:for 循环渲染原生的 wxml 标签），必须使用 WePY 定义的辅助标签<repeat>，代码如示例 6-3 所示。

示例 6-3：

child 子组件代码：

```
<template>
    <view>
        <view>{{ctitle}}</view>
    </view>
</template>
<script>
import wepy from 'wepy'
export default class Child    extends wepy.component{
    props = {
        ctitle:{
            type:String,
            default: 'null'
        }
    }
}
</script>
```

父组件代码：

```
<template>
    <view>
        <repeat for="{{titleList}}" key="index" index="index" item="item">
            <child :ctitle="item"></child>
        </repeat>
    </view>
</template>
<script>
import wepy from 'wepy'
import Child from '@/components/child'
export default class Demo3    extends wepy.page{
    data = {
        titleList:["网页设计与开发","Vue 企业开发实战","微信小程序开发实战"]
    }
    components = {
        child:Child
    }
```

```
}
</script>
```

页面显示效果如图 6.11 所示。

图6.11　循环渲染

6.3.5　事件绑定

在 WePY 中通过@事件修饰符给组件绑定事件，如@tap="myFun"，其中@表示事件修饰符，tap 表示事件名称，myFun 表示事件绑定的处理函数，代码如示例 6-4 所示。

示例 6-4：

```
<template>
    <view>
        <view style="text-align:center">{{number}}</view>
        <button    @tap="increase">
            单击增加 number
        </button>
    </view>
</template>
<script>
import wepy from 'wepy'
export default class Demo1    extends wepy.page{
    data = {
        number:0
    }
    methods = {
        increase(){
            this.number++
            console.debug(this.number)
        }
    }
}
</script>
```

页面显示效果如图 6.12 所示。

图6.12　事件绑定

6.4.1　项目介绍

小猪基金是一个用来查看基金购买份额和收益的微信小程序，主要有两个页面：展示所有购买基金的列表页和展示基金走势的详情页，如图 6.13 和图 6.14 所示。

图6.13　基金列表页

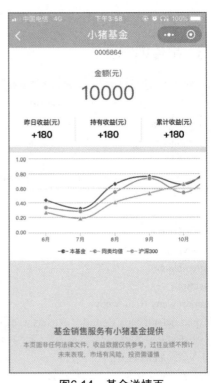

图6.14　基金详情页

6.4.2　需求分析

小猪基金共有两个页面。

➢　基金列表页，展示用户的基金购买总金额、昨日收益、持有收益和累计收益，下面是基金的列表，展示所有购买过的基金。每一项都显示基金名称、金额、昨日收益和持有收益，如图 6.13 所示。

➢　基金详情页面，展示基金的购买金额、昨日收益、持有收益和累计收益。下面通过一个图表显示基金最近几个月的收益趋势，如图 6.14 所示。

6.4.3　项目创建

1．新建项目

使用 wpy-cli 创建一个项目，执行 npm run dev 开启实时编译，然后使用微信开发者工具打开编译后生成的 dist 目录。

2．模拟数据

实现首页页面布局，首先需要获取数据，找到本章素材目录下的 funds.js 文件，并复制到项目 pages 目录下。funds.js 文件里有一个 FUNDS 对象，包含首页所有的数据，在文件最后一行导出这个对象，这样就可以在其他文件中通过导入 funds.js 文件获取到 FUNDS 对象了。

6.4.4　实现首页页面布局

1．获取数据

在 pages 目录下新建 home.wpy 文件，在 onLoad 生命周期里获取数据，关键代码如下。

```
laodData (){
    wx.showLoading({title:"加载中..."})
    //通过 setTimeout 模拟异步请求
    setTimeout(() => {
            this.myFund = FUNDS_DATA;
            this.$apply();
            wx.hideLoading()
    }, 1000);
}
onLoad() {
    this.laodData();
}
```

2．完成首页头部布局

关键代码如下。

```
<view class="header">
    <view>总金额(元)</view>
    <view class="balance">{{myFund.total_balance}}</view>
    <view class="header-info">
        <view>
        <view>昨日收益(元)</view>
        <view class="money">+{{myFund.last_day_earn}}</view>
        </view>
        <view style="border-left:solid 1px #fff;border-right:solid 1px #fff;">
            <view>持有收益(元)</view>
            <view  class="money">+{{myFund.carry_earn}}</view>
        </view>
        <view>
            <view>累计收益(元)</view>
            <view  class="money">+{{myFund.total_earn}}</view>
        </view>
    </view>
</view>
```

页面显示效果如图 6.15 所示。

图6.15　首页头部布局

3.　创建基金组件

基金列表通过组件循环渲染实现，所以首先要编写组件的代码，在 components 目录下新建 item.wpy，关键代码如下。

```
<template>
  <navigator url="detail">
    <view class="fund-item">
      <view class="fund-item-title">{{listData.name}}</view>
      <view class="link-icon light-word">>></view>
      <view class="fund-item-content">
        <view>
          <view class="light-word" style="text-align:left;">金额</view>
          <view style="text-align:left;">{{listData.balance}}</view>
        </view>
        <view>
          <view class="light-word" style="text-align:center;">昨日收益</view>
          <view style="text-align:center;">{{listData.last_day_earn}}</view>
        </view>
        <view>
          <view class="light-word" style="text-align:right;">持有收益</view>
          <view style="text-align:right;">{{listData.carry_earn}}</view>
        </view>
      </view>
    </view>
  </navigator>
</template>
<script>
import wepy from 'wepy';
export default class Item extends wepy.component {
  props = {
    listData: {}
  };
}
</script>
```

4.　完成基金列表

在首页引入基金组件，代码如下。

import FundItem from '@/components/item'

然后在 components 对象中给组件声明 ID，代码如下。

```
components = {
    FundItem
}
```

接着在<template>里使用<repeat>循环渲染基金组件，关键代码如下。

```
<view class="fund-list">
    <repeat    for="{{myFund.funds}}" key="index" index="index" item="item">
        <FundItem :listData="item"></FundItem>
    </repeat>
</view>
```

页面显示效果如图 6.16 所示。

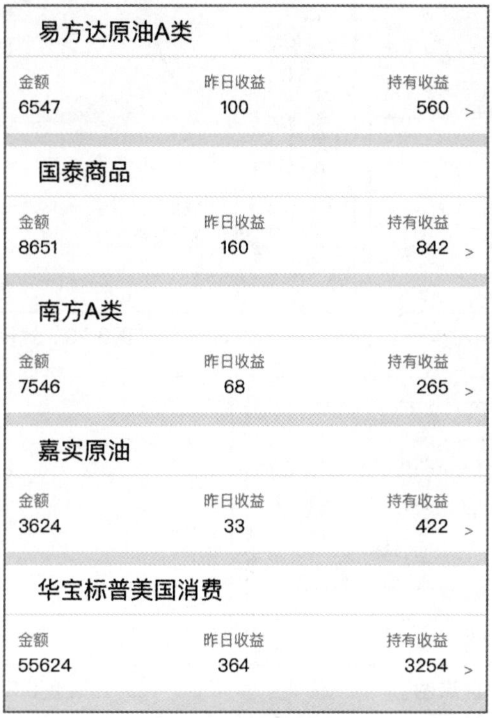

易方达原油A类		
金额	昨日收益	持有收益
6547	100	560 >
国泰商品		
金额	昨日收益	持有收益
8651	160	842 >
南方A类		
金额	昨日收益	持有收益
7546	68	265 >
嘉实原油		
金额	昨日收益	持有收益
3624	33	422 >
华宝标普美国消费		
金额	昨日收益	持有收益
55624	364	3254 >

图6.16　基金列表

任务 6.5　使用 wx-charts 实现图表

6.5.1　介绍 wx-charts

小猪基金的详情页通过图表展示基金过去的收益。本项目案例使用 wx-charts 实现图表功能。

wx-charts 是一个专门在微信小程序上使用的开源图表库，支持饼状图、柱状图、圆环图、线图、区域图、雷达图，如图 6.17～图 6.22 所示。

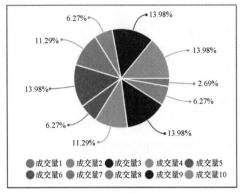

图6.17　饼状图

图6.18　柱状图

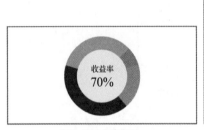

图6.19　圆环图

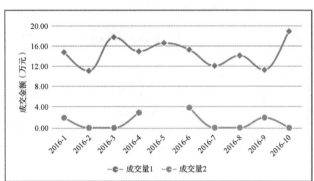

图6.20　线图

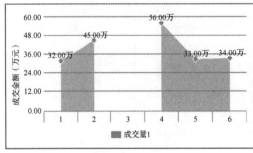

图6.21　区域图

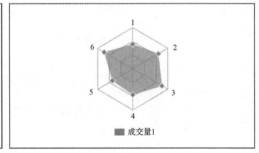

图6.22　雷达图

6.5.2　获取 wx-charts

wx-charts 是一个在 Github 上开源的微信小程序库，获取 wx-charts 可以在 Github 上搜索 wx-charts，通过克隆仓库或者直接下载 zip 文件获得 wx-charts。也可以在本章素材目录下找到 wx-charts。

6.5.3　使用 wx-charts

下面以线图为例说明如何在项目中使用 wx-charts 实现图表。

（1）在<template>里添加 canvas 组件，通过 canvas-id 给组件设置 id，代码如下所示。

```
<template>
  <view class="container">
```

```
        <canvas canvas-id="lineCanvas" style="width:100%;height:200px;"></canvas>
    </view>
</template>
```

（2）在 src 目录下新建 utils 目录，复制 wxcharts-min.js 文件到 utils 目录下，然后在 <script>脚本中引入 wxCharts，代码如下。

```
import wxCharts from '@/utils/wxcharts-min.js';
```

（3）在<script>脚本中创建页面类，代码如下。

```
export default class Home extends wepy.page {
        onLoad() {


        }
}
```

（4）在 onLoad 生命周期函数内构造要显示的模拟数据，代码如下所示。

```
var simulationData = {
        categories: ['2014', '2015', '2016', '2017', '2018'],
        data: [631.85, 242.77, 678.15, 18737.6,3619.7]
};
```

其中 categories 是数据类别分类，最终会显示在图表的横坐标上，data 是数据具体的值。

（5）使用数据和 canvas-id 创建出图表示例，代码如下。

```
var lineChart = new wxCharts({
        canvasId: 'lineCanvas',
        type: 'line',
        categories: simulationData.categories,
        animation: true,
        series: [
        {
                name: '金币',
                data: simulationData.data,
                format: function(val, name) {
                return val.toFixed(2) + '万';
                }
        }
        ],
        xAxis: {
        disableGrid: true
        },
        yAxis: {
        title: '价格（美元）',
        format: function(val) {
                return val.toFixed(2);
        },
        min: 0
        },
```

```
        width: 320,
        height: 200,
        dataLabel: false,
        dataPointShape: true,
        extra: {
        lineStyle: 'straight'
        }
    });
```

图表在页面上的显示效果如图 6.23 所示。

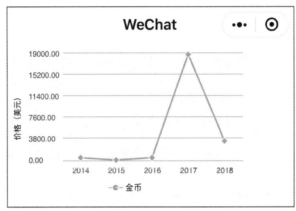

图6.23　图表示例

wxCharts 的参数说明如表 6.4 所示。

表 6.4　wxCharts 的参数说明

属性	数据类型	必填	说明
canvasId	String	是	微信小程序 canvas-id
type	String	是	图表类型，可选值为 pie、line、column、area、ring、radar
categories	Array	是	数据类别分类（饼图、圆环图不需要）
animation	Boolean	否	是否动画展示，默认为 true
series	Array	是	数据列表
xAxis	Object	否	x 轴配置
yAxis	Object	否	y 轴配置
width	Number	是	canvas 宽度，单位为 px
height	Number	是	canvas 高度，单位为 px
dataLabel	Boolean	否	是否在图表中显示数据内容值，默认为 true
dataPointShape	Boolean	否	是否在图表中显示数据点图形标识，默认为 true
background	String	否	canvas 背景颜色，默认为#ffffff
enableScroll	Boolean	否	是否开启图表可拖曳滚动，默认为 false，支持 line、area 图表类型
legend	Boolean	否	是否显示图表下方各类别的标识，默认为 true
extra	Object	否	其他非通用配置项

实现小猪基金详情页

6.6.1　完成详情页头部布局

详情页头部部分比较简单，和基金列表页类似。关键代码如下。

```
<view class="header">
    <view class="fund-code">0005864</view>
    <view style="font-size:14px;color:#666;margin-top:20px;">金额(元)</view>
    <view class="balance">10000</view>
    <view class="header-info">
        <view>
            <view class="light-word">昨日收益(元)</view>
            <view class="money">+180</view>
        </view>
        <view style="border-left:solid 1px #eee;border-right:solid 1px #eee;">
            <view class="light-word">持有收益(元)</view>
            <view   class="money">+180</view>
        </view>
        <view>
            <view class="light-word">累计收益(元)</view>
            <view   class="money">+180</view>
        </view>
    </view>
</view>
```

页面显示效果如图 6.24 所示。

图6.24　详情页头部

6.6.2　完成详情页图表

实现基金图表，在<template>里添加 canvas 组件，代码如下。

```
<canvas class="wxchart" ref="lineCanvas" canvas-id="lineCanvas"
    style="text-align:center;height:200px;width:100%;"></canvas>
```

然后在 data 中定义要显示的数据，代码如下。

```
data = {
```

```
            winWidth:375,
            temp:{
                categories: ['6 月', '7 月', '8 月', '9 月', '10 月', '11 月'],
                series: [{
                    name: '本基金',
                    color: "#0a0",
                    data: [0.45, 0.33, 0.67, 0.77, 0.66, 1.0],},
                    {
                        name: '同类均值',
                        data: [0.35, 0.30, 0.56, 0.74, 0.55, 0.89],
                        color: "#7cb5ec"
                    },
                    {
                        name: '沪深 300',
                        color: "#fa0",
                    }]
                }
            }
```

之后实例化 wxCharts 对象，代码如下。

```
new wxCharts({
    canvasId: 'lineCanvas',                // 微信小程序 canvasId
    type: 'line', //图表类型，可选值为 pie, line, column, area, ring, radar
    categories:this.temp.categories,       //数据分类（饼状图和圆环图不需要）
    series:this.temp.series,
    yAxis: {
        //自定义 y 轴文案显示
        format: function (val) {
            return val.toFixed(2);
        },
        min: 0,                            //y 轴起始值
        max: 1 ,                           //y 轴终止值,
        gridColor : "#cccccc",             //y 轴网格颜色
        fontColor: "#666666",              //y 轴数据点颜色
        titleFontColor : "#333333",        //y 轴标题颜色
        disabled : false,                  //不绘制 y 轴
    },
    xAxis :{
        gridColor : "#cccccc",
        type : "calibration"
    },
    width: this.winWidth,                  //canvas 宽度，单位为 px
    height: 200,                           //canvas 高度，单位为 px
    background: "#fff",                     //canvas 背景颜色
    title:{
```

```
            name:"基金",              //标题内容
            fontSize:"20px",          //标题字体大小
            color:"#f00"              //标题颜色
        },
        animation :true,             //是否动画展示
        legend:true,                 //是否显示图表下方各类别的标识
        dataLabel:false,             //是否在图表中显示数据内容值,
        extra:{
            //可选值(仅对 line 和 area 图表有效):曲线(curve)和直线(straight)
            lineStyle : "curve",
        }
    });
```

详情页图表显示效果如图 6.25 所示。

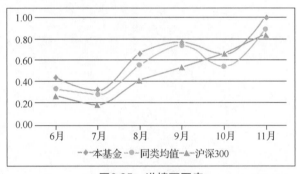

图6.25　详情页图表

→ 本章作业

1. 选择题

(1) 下面关于 wepy.page 类的属性描述,错误的是(　　)。

    A. config 为页面配置对象,对应原生的 page.json 文件,类似于 app.wpy 中的 config。

    B. component 为页面组件列表对象,声明页面引入的组件列表。

    C. data 为页面渲染数据对象,存放可用于页面模板绑定的渲染数据。

    D. methods 为 wxml 事件处理函数对象,存放响应 wxml 中捕获到的事件的函数,如 bindtap、bindchange 等。

(2) 关于 WePY 框架的核心内容描述错误的是(　　)。

    A. WePY 对 setData 进行了封装,可以更加简洁地修改数据实现绑定,不用重复写 setData 方法。

    B. 存在计算属性 computed 的使用。

    C. props 传值在 WePY 中属于父子组件之间传值的一种机制,包括静态传值与动态传值。

    D. 以上答案均错误。

(3) 要循环渲染 WePY 组件时使用的标签是(　　)。

    A. <repeat>　　　B. <loop>　　　　　C. <wx-for>　　　D. <foreach>

（4）在 WePY 中事件绑定是通过（　　）修饰符完成的。

  A. @   B. \$ C. :   D. #

2. 简答题

（1）如何安装 WePY 并且使用 WePY 创建项目？

（2）如何完成循环渲染 WePY 组件？

作业答案

第 7 章

微信小游戏开发

本章技能目标

- ➤ 理解游戏开发思想。
- ➤ 掌握微信小游戏开发流程。
- ➤ 掌握物理运动原理。
- ➤ 掌握碰撞检测原理。

本章知识梳理

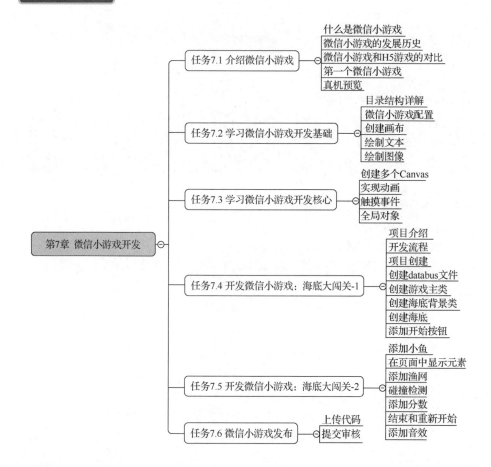

本章简介

现代人的生活节奏越来越快，休闲时间碎片化趋势也越来越明显。由于零碎时间大多产生于路途中，因此在 21 世纪移动互联网快速发展的进程中，智能手机成为零碎时间里赶走无聊、充电学习的利器。市场调研发现，超过 80%的用户正在或愿意通过玩游戏的方式度过零碎时间。

传统的手机游戏时间较长，需要下载安装以及不定期更新，而 H5 游戏由于性能原因造成体验较差，以及没有固定的入口等种种问题。在这种背景下，微信在 2018 年年初开放了小游戏注册，游戏开发者可以借助微信平台开发和发布小游戏。微信小游戏也是微信小程序的一种，运行在微信内，轻便快捷。微信小游戏一经推出，就掀起了一股玩小游戏的热潮。本章将详细讲解如何开发一款属于自己的微信小游戏。

预习作业

（1）如何在 Canvas 上绘制矩形？

（2）如何在 Canvas 上绘制图像？

（3）动画的原理是什么？如何在 Canvas 上实现动画效果？

任务 7.1　介绍微信小游戏

7.1.1　什么是微信小游戏

微信小游戏是一种基于微信平台开发，不需要下载安装即可使用的全新游戏应用，体现了"用完即走"的理念，充分节省用户的手机空间。微信小游戏无论是开发以及使用，都相当轻便快捷，同时基于微信的社交属性让小游戏具备较强的社交传播力，用户可以和朋友一起享受游戏的乐趣。图 7.1 和图 7.2 是很受欢迎的"跳一跳"和"头脑王者"。

图7.1　跳一跳

图7.2　头脑王者

7.1.2　微信小游戏的发展历史

2017 年 12 月 28 日，微信更新的 6.6.1 版本开放了微信小游戏。

2018 年 3 月份下旬，微信小程序游戏类正式对外开放测试，但此时第三方小游戏还不能对外发布。

2018 年 4 月 4 日，第三方开发者推出的微信小游戏"征服喵星"已经通过审核。

2018 年年底，已经有 7000 余款微信小游戏上线，日活跃用户超过一亿人。

7.1.3　微信小游戏和 H5 游戏的对比

HTML 5 小游戏的特点：

➢ 开发成本相对较低；

➢ 跨系统、跨终端、跨平台；

➢ 无须下载安装，即点即玩；

➢ 缺少固定流量入口。

微信小游戏的特点：

➢ 微信小游戏是在 H5 游戏的基础上增加微信社交能力、文件系统、工具链；

➢ 便于传播，小游戏基于微信平台特性，支持分享给微信好友和群聊，以及好友排行榜等功能，让社交分享裂变成为可能；

➢ 加载速度快于 HTML 5 游戏，可达到与原生 App 相同的操作体验和流畅度，轻便快捷。

7.1.4 第一个微信小游戏

使用微信开发者工具新建项目，选择微信小程序项目，之后选择代码存放的硬盘路径，并输入 AppID。

小游戏的 AppID 可以通过注册小游戏账号获得。扫描二维码可查看小游戏账号注册流程。

小游戏账号
注册流程

也可以选择测试 AppID，之后填入项目名称，最后勾选"建立游戏快速启动模板"，单击"确定"按钮，就得到第一个小游戏了，如图 7.3 所示。

图7.3 小游戏项目的创建

之后在开发者工具里就可以预览小游戏了，如图 7.4 所示。

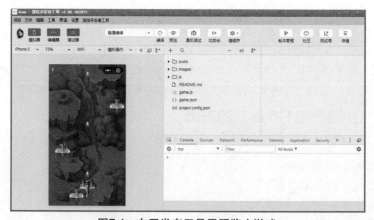

图7.4 在开发者工具里预览小游戏

7.1.5　真机预览

在手机上体验小游戏，在开发者工具的工具栏上单击"预览"按钮，使用微信扫描二维码就可以在手机上体验了，如图 7.5 所示。

图7.5　真机预览

任务 7.2　学习微信小游戏开发基础

7.2.1　目录结构详解

微信小游戏项目目录结构如图 7.6 所示。

图7.6　微信小游戏项目目录结构

通过图 7.6 可以看到，微信小游戏项目的根目录下有 7 个文件和文件夹，它们的含义如下。

- ➢　audio：存放音频的目录，非必须。
- ➢　images：存放图片的目录，非必须。
- ➢　js：存放 js 代码的目录，非必须。

➢ game.js：游戏入口文件，必须。
➢ game.json：小游戏配置文件，必须。
➢ project.config.json：项目配置文件，和微信小程序类似，非必须。
➢ README.md：项目说明文件，非必须。

7.2.2 微信小游戏配置

微信小游戏根目录下的 game.json 文件用来对小游戏进行配置，开发者工具和客户端需要读取这个配置，完成相关界面渲染和属性设置。

配置示例 7-1 的代码如下。

示例 7-1：

```
{
    "deviceOrientation": "portrait",
    "networkTimeout": {
        "request": 5000,
        "connectSocket": 5000,
        "uploadFile": 5000,
        "downloadFile": 5000
    },
    "navigateToMiniProgramAppidList": ["wx9df1187aae8896e2"]
}
```

除此之外，game.json 共有 8 个配置项，如表 7.1 所示。

表 7.1　game.json 配置

属性	类型	必填	默认值	描述
deviceOrientation	String	否	'portrait'	支持的屏幕方向：portrait 为竖屏，landscape 为横屏
showStatusBar	Boolean	否	false	是否显示状态栏
networkTimeout	Object	否		网络请求的超时时间，单位为 ms
workers	String	否		多线程 Worker 配置项，详细请参考 Worker 文档
subpackages	Object Array	否		分包结构配置
navigateToMiniProgramAppidList	String Array	否		需要跳转的微信小程序列表
permission	Object	否		小游戏接口权限相关设置
openDataContext	String	否		小游戏开放数据域目录，介绍详见关系链数据

networkTimeout 配置如表 7.2 所示。

表 7.2　networkTimeout 配置

属性	类型	必填	默认值	描述
request	Number	否	60000	wx.request 的超时时间，单位为 ms
connectSocket	Number	否	60000	wx.connectSocket 的超时时间，单位为 ms
uploadFile	Number	否	60000	wx.uploadFile 的超时时间，单位为 ms
downloadFile	Number	否	60000	wx.downloadFile 的超时时间，单位为 ms

7.2.3　创建画布

小游戏的运行环境是一个绑定了一些方法的 JavaScript VM。不同于浏览器，这个运行环境没有 BOM 和 DOM API，只有 wx API。下面介绍如何用 wx API 完成创建画布、绘制图形、显示图片以及响应用户交互等基础功能。

调用 wx.createCanvas()接口，可以创建一个 Canvas 对象，代码如下。

```
const canvas = wx.createCanvas()
```

但是，由于没有在 canvas 上绘制，所以 canvas 是透明的。使用 2D 渲染上下文进行简单的绘制，代码如下。

```
const context = canvas.getContext('2d')
context.fillStyle = 'red'
context.fillRect(0, 0, 320, 100)
```

可以在屏幕左上角看到一个 320×100 的有色矩形，如图 7.7 所示。

图7.7　canvas绘图

通过 Canvas.getContext()方法可以获取渲染上下文对象，调用渲染上下文对象的绘制方法可以在 Canvas 上进行绘制。小游戏基本支持 2D 所有的属性和方法。

通过设置 width 和 height 属性可以改变 Canvas 对象的宽、高，但这也会导致 Canvas 内容的清空和渲染上下文的重置，代码如下。

```
canvas.width = 300
canvas.height = 300
```

7.2.4　绘制文本

通过 CanvasContext.fillText()方法可以绘制文本，有 4 个参数需要确定。

➢ text：String 类型，要绘制的文本内容。

➢ x：Number 类型，文本距离左上角的 x 坐标位置。

➢ y：Number 类型，文本距离左上角的 y 坐标位置。

➢ maxWidth：Number 类型，需要绘制的最大宽度，可选。

示例 7-2 是在画布上绘制文本的示例，代码如下。

示例 7-2：

```
//绘制文字
const canvas = wx.createCanvas()
//绘制白色背景
const context = canvas.getContext('2d')
context.fillStyle = "#ffffff"
context.fillRect(0,0,375, 100)

context.font = "20px Arial"
context.fillStyle = "#000"
```

context.fillText('hello world', 50, 50)

7.2.5 绘制图像

通过 wx.createImage()接口，可以创建一个 Image 对象。Image 对象可以加载图片。当 Image 对象被绘制到画布上时，图片才会显示在屏幕上。示例代码如下。

const image = wx.createImage()

设置 Image 对象的 src 属性，可以加载一张本地图片或网络图片，当图片加载完毕时，会执行注册的 onload 回调函数，此时可以将 Image 对象绘制到画布上。使用方式如示例 7-3 所示。

示例 7-3：

```
const canvas = wx.createCanvas()
//绘制白色背景
const context = canvas.getContext('2d')
context.fillStyle = '#fff';
let sys = wx.getSystemInfoSync();
context.fillRect(0, 0, sys.windowWidth, 100)
//绘制图片
const image = wx.createImage()
image.onload = function () {
    console.log(image.width, image.height)
    context.drawImage(image, 50, 10)
}
image.src = 'images/enemy.png'
```

页面显示效果如图 7.8 所示。

图7.8　绘制图片

任务7.3 学习微信小游戏开发核心

7.3.1 创建多个 Canvas

在整个小游戏运行期间，首次调用 wx.createCanvas 接口创建的是一个上屏 Canvas。即在这个 Canvas 上绘制的内容都将显示在屏幕上。而第二次、第三次等后几次调用 wx.createCanvas 创建的都是离屏 Canvas。在离屏 Canvas 上绘制的内容只是绘制到这个离屏 Canvas 上，并不会显示在屏幕上。

以如下代码为例，运行后会发现屏幕上并没有在（0，0）的位置显示 100x100 的红色矩形，因为我们是在一个离屏的 Canvas 绘制的，代码如下。

```
//离屏 Canvas
const screenCanvas = wx.createCanvas()
const offScreenCanvas = wx.createCanvas()
const offContext = offScreenCanvas.getContext('2d')
offContext.fillStyle = 'red'
offContext.fillRect(0, 0, 100, 100)
```

为了让这个红色矩形显示在屏幕上，需要把离屏的 offScreenCanvas 绘制到上屏的 screenCanvas 上。

```
//上屏 Canvas
const screenContext = screenCanvas.getContext('2d')
let sys = wx.getSystemInfoSync();
screenContext.fillStyle = '#fff';
screenContext.fillRect(0, 0, sys.windowWidth, 150)
screenContext.drawImage(offScreenCanvas, 50, 20)
```

页面显示效果如图 7.9 所示。

图7.9　绘制多个Canvas

7.3.2　实现动画

在 JavaScript 中，一般通过 setInterval/setTimeout/requestAnimationFrame 实现动画效果。动画的基本原理是：通过定时器不断清空画布，改变运动元素的状态，再重画所有内容。如此重复，就能看到页面上的运动元素的动画效果了。示例 7-4 是一个使正方形从左向右移动的动画，代码如下。

示例 7-4：

```
const canvas = wx.createCanvas()
//获取上下文对象
const context = canvas.getContext('2d')
//获取屏幕宽度
let sys = wx.getSystemInfoSync();

//正方形起始 x 坐标
let x = 0;
//绘画函数
function draw(){
  //清空画布
  context.clearRect(0, 0, canvas.width, canvas.height)
  //绘制背景
  context.fillStyle = '#fff';
  context.fillRect(0, 0, sys.windowWidth, 160)
```

```
//绘制正方形
context.fillStyle = '#f00';
context.fillRect(++x, 50,100, 100)
}

//开启定时器
setInterval(()=>{
    draw();
},100)
```

页面显示效果如图 7.10 所示。

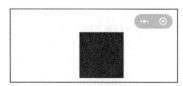

图7.10　动画效果

7.3.3　触摸事件

游戏中经常有和屏幕的交互操作。小游戏提供了以下 4 个监听触摸事件的 API。

➢ wx.onTouchStart()：监听开始触摸事件。

➢ wx.onTouchMove()：监听触点移动事件。

➢ wx.onTouchEnd()：监听触摸结束事件。

➢ wx.onTouchCancel()：监听触点失效事件。

示例代码如下：

```
wx.onTouchStart(function (event) {
    console.log(event.touches)
})
wx.onTouchMove(function (event) {
    console.log(event.touches)
})
wx.onTouchEnd(function (event) {
    console.log(event.touches)
})
wx.onTouchCancel(function (event) {
    console.log(event.touches)
})
```

在事件函数的回调函数内可以获取到事件对象 event。事件对象的属性说明如表 7.3 所示。

表 7.3　事件对象的属性说明

属性	类型	说明
touches	Array.<Touch>	当前所有触摸点的列表
changedTouches	Array.<Touch>	触发此次事件的触摸点列表
timeStamp	number	事件触发时的时间戳

通过 touches 获取到当前所有触摸点的列表，结果是一个数组。在开发中，经常使用 event.touches[0]获取第一个触摸点 Touch，Touch 是一个对象，属性如下。

➢ identifier：Number 类型，对象的唯一标识符，只读，一次触摸动作在平面上移动的整个过程中，该标识符不变。可以根据它判断跟踪的是否是同一次触摸过程。

➢ screenX：触点相对于屏幕左边沿的 X 坐标。

➢ screenY：触点相对于屏幕上边沿的 Y 坐标。

➢ pageX：触点相对于页面左边沿的 X 坐标。

➢ pageY：触点相对于页面上边沿的 Y 坐标。

上机练习——实现方块跟随手指移动效果

需求说明

在画布上画一个 50×50 的红色正方形，通过监听屏幕触摸事件，实现方块跟随手指移动的效果，如图 7.11 所示。

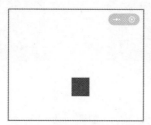

图7.11　方块跟随手指移动

7.3.4　全局对象

在浏览器环境下，Window 是全局对象，但小游戏的运行环境中没有 BOM API，因此没有 Window 对象。取而代之的是 GameGlobal，所有全局定义的变量都是 GameGlobal 的属性。

开发者可以根据需要把自己封装的类和函数挂载到 GameGlobal 上，如下所示。

```
GameGlobal.render = function () {
    // 省略方法的具体实现...
}
render()
```

任务 7.4　开发微信小游戏：海底大闯关-1

7.4.1　项目介绍

"海底大闯关"是一款益智休闲小游戏，已经上线了，扫描下方的游戏码可体验小游戏。

游戏主要有结束和开始两个状态，如图 7.12 和图 7.13 所示。

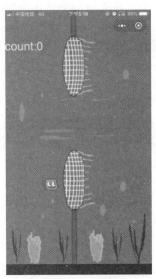

图7.12　结束状态　　　　　　　　图7.13　开始状态

玩法分析：

在开始页面单击页面中的"开始"按钮，游戏开始。玩家需要不断单击页面，使小鱼向上游动，以克服重力带来的下落。同时，渔网从右向左匀速移动，玩家要控制小鱼，使其不碰撞到渔网。每通过一次渔网，分数加 1。一旦小鱼碰到渔网或者掉落在海底，游戏结束，再次出现"开始"按钮。单击"开始"按钮，游戏重启。

7.4.2　开发流程

游戏的开发流程和思路与普通的应用不同，通常游戏中有大量的动画和交互。玩家要和游戏界面不断交互推动游戏发展。

一个游戏开发团队中一般有 3 种角色的人员：策划、美术和程序。游戏的开发流程大致如下。

1．立项

立项是公司决定开发一款游戏，有可能是获得了一个好的 IP，也有可能是公司负责人有一个好的想法，甚至梦想做一款某种类型的游戏，经过市场调研和分析产品定位之后确定做一款游戏。

2．游戏策划

产品立项之后由策划人员设计游戏玩法，对于角色扮演（RPG）类的游戏，还要为游戏编写故事背景、情节，甚至构建游戏的世界观，如著名的游戏"魔兽世界"，其开发商暴雪公司就为"魔兽世界"构建了非常宏大的世界观，使玩家能够沉浸在游戏的世界中。

3．美术制作

策划好游戏玩法后，就可以交给美术人员制作美术资源了，包括游戏中的人物、场景、道具、UI、动画、特效等。

4．程序开发

制作好美术资源就可以开始程序的编写了。程序人员通过整合美术资源，编写游戏逻辑。

5. 游戏测试

待游戏开发完成后，就可以开始游戏的测试了。对于大型的网络游戏，一般会有封测、内测和公测。在测试过程中，若发现有问题，则修改漏洞，不断完善。

6. 游戏上线

经过几轮测试和完善，游戏就可以上线运营了。

7.4.3　项目创建

使用微信开发者工具新建小游戏项目，把本章素材目录下的 audios/音频和 images/图片素材复制到项目根目录。

通过观察图 7.12，可以发现游戏中的元素有：海底世界背景、海底地面、小鱼、"开始"按钮、渔网、分数以及在游戏进行过程中播放的背景音乐。经过观察和分析，得出这样的开发思路：

（1）首先创建海底世界的背景和底面。

（2）创建"开始"按钮。

（3）创建小鱼，默认使小鱼自由下落，单击屏幕，使小鱼上升一段距离。

（4）判断小鱼和底面是否发生碰撞，如果碰撞，则游戏结束。

（5）添加渔网障碍，使渔网从右向左移动。

（6）判断渔网和小鱼是否发生碰撞，如果碰撞，则游戏结束。

（7）小鱼每经过一次渔网，分数加 1。

（8）游戏开始后，播放背景音乐。

7.4.4　创建 databus 文件

首先创建 databus 文件，用来管理全局状态，如游戏的分数、进行的状态、画布上下文对象等，这些状态在项目中会多次用到，把它们放在一个全局对象中，方便管理。在 js 目录下新建 databus.js，创建 DataBus 类，代码如下。

```
let instance
/**
 * 全局状态管理器
 */
export class DataBus {
  constructor() {
    if ( instance )
      return instance
    instance = this
    //全局共享的数据
    this.canvas;
    this.ctx;
  }
}
```

DataBus 类采用了单例模式，可以保证在不同地方总是访问同一个对象。

> **说明**
>
> 　　单例模式是一种常用的软件设计模式。它的核心结构中只包含一个被称为单例的特殊类。通过单例模式，可以保证系统中应用该模式的一个类只有一个实例，即一个类只有一个对象实例。

7.4.5　创建游戏主类

经过前面的分析，游戏中有很多元素，采用面向对象的开发思想为每个元素创建一个类，这些类需要通过一个主类管理以及实现游戏逻辑。在 js 目录下新建 main.js，代码如下。

```
import { DataBus } from "./databus.js";
let databus = new DataBus()
export class Main{
    constructor(){
        this.canvas = wx.createCanvas();
        this.ctx = this.canvas.getContext("2d")
        //放到 databus
        databus.canvas = this.canvas;
        databus.ctx = this.ctx;
    }
}
```

在 main.js 中引入了 databus，创建了画布上下文对象并保存在 databus 中，在后边需要用到画布上下文对象的地方引入 databus 即可，不用重新创建。

7.4.6　创建海底背景类

接下来实现海底世界背景类，在 js/runtime/ 目录下新建 seabed.js 文件，代码如下。

```
import { DataBus } from "../databus.js";
let databus = new DataBus()
//要绘制的海底的图片
const Seabed_IMG_SRC = 'images/background.png'
const Seabed_WIDTH = 800
const Seabed_HEIGHT = 600
//定义海底类
export class Seabed {
    constructor() {
        this.x = 0;
        this.y = 0;
        this.img = wx.createImage()
        this.img.src = Seabed_IMG_SRC
        this.w = Seabed_WIDTH;
        this.h = Seabed_HEIGHT;
```

```
    }
    //绘制海底
    render() {
        var _that = this;
        this.img.onload = function(){
            databus.ctx.drawImage(_that.img, _that.x, _that.y, _that.w,
                _that.h, 0, 0, databus.canvas.width, databus.canvas.height)
        }
    }
}
```

7.4.7　创建海底

添加海底底面，在 js/runtime/中新建 sealevel.js。海底在画布上 y 值为画布的高度减去图片自身高度，代码如下。

```
import { DataBus } from "../databus.js";
let databus = new DataBus()
//要绘制的海底的图片
const Sealevel_IMG_SRC = 'images/sealevel.png'
const Sealevel_WIDTH = 800
const Sealevel_HEIGHT = 27
//定义海底类
export class Sealevel {
    constructor() {
        this.x = 0;
        this.img = wx.createImage()
        this.img.src = Sealevel_IMG_SRC
        this.w = Sealevel_WIDTH;
        this.h = Sealevel_HEIGHT;
        this.y = 0;
        //海平面的水平变化坐标
        this.newx = 0;
        //海平面的移动速度，每次移动 X 个像素
        this.Speed = 2
    }
    //绘制海底
    render() {
        this.img.onload = () =>{
            databus.ctx.drawImage(this.img, this.x, this.y, this.w, this.h,
                -this.newx, databus.canvas.height - this.h, this.w, this.h)
        }
    }
}
```

小鱼游动的时候，可以通过移动海底底面的方式使小鱼看起来是从左向右游动，具体原理是：在每次调用 render 函数绘制底面的时候，改变横坐标，使海底从右向左移动，

代码如下。

```
//水平坐标=水平坐标+每次移动的像素
this.newx = this.newx + this.Speed;
// console.log(this.newx)
//如果 x 坐标大于滚出去的值，则 x 坐标归 0
if (this.newx > (this.w - databus.canvas.width)) {
    this.newx = 0;
}
databus.ctx.drawImage(this.img, this.x, this.y, this.w, this.h,
    -this.newx, databus.canvas.height - this.h, this.w, this.h)
```

7.4.8　添加开始按钮

添加开始按钮类，注意按钮保持在画布的中间位置，代码如下。

```
import { DataBus } from "../databus.js";
let databus = new DataBus()
//要绘制的海底的图片
const Button_IMG_SRC = 'images/start_button.png'
const Button_WIDTH = 64
const Button_HEIGHT = 64
//定义开始按钮
export class Button {
  constructor() {
    this.x = 0;
    this.y = 0;
    this.img = wx.createImage()
    this.img.src = Button_IMG_SRC
    this.w = Button_WIDTH;
    this.h = Button_HEIGHT;
  }
  //绘制开始按钮
  render() {
    databus.ctx.drawImage(this.img, this.x, this.y, this.w, this.h,
    (databus.canvas.width - this.w) / 2,
    (databus.canvas.height - this.h) / 2, this.w, this.h)
  }
}
```

任务 7.5　开发微信小游戏：海底大闯关-2

7.5.1　添加小鱼

完成小鱼类的编码，在 js/目录下新建 player/目录，然后在 player/下新建 fish.js 文件，代码如下。

```
import { DataBus } from "../databus.js";
let databus = new DataBus()
//要绘制的鱼的图片
const Fish_IMG_SRC = 'images/fish1.png'
const Fish_WIDTH = 41
const Fish_HEIGHT = 30
//定义鱼类
export class Fish {
  constructor() {
    this.x = databus.canvas.width / 4;
    this.y = databus.canvas.height / 2;
    this.img = wx.createImage()
    this.img.src = Fish_IMG_SRC;
    this.w = Fish_WIDTH;
    this.h = Fish_HEIGHT;
    this.time = 0;//下落时间
    this.newy = databus.canvas.height / 2;
  }
  //绘制鱼类
  render() {
    //模拟重力加速度
    const g = 0.98 / 2.9;
    //向上移动一点的偏移量
    const offsetUp = 30;
    //小鸟的位移自由落体公式  h
    const offsetY = (g * this.time * (this.time - offsetUp)) / 2;
    this.newy = this.y + offsetY;
    this.time++;
    databus.ctx.drawImage(this.img, 0, 0, this.w, this.h, this.x, this.newy, this.w, this.h)
  }
}
```

7.5.2　在页面中显示元素

现在已经创建好了海底背景类、海底底面类、开始按钮类和小鱼类，下面把这些元素显示在页面，并且监听用户单击操作，使小鱼游动起来，代码如下。

```
import { DataBus} from "./databus.js";
let databus = new DataBus()

import { Seabed } from "./runtime/seabed.js";
import { Sealevel } from "./runtime/sealevel.js";
import { Button } from "./runtime/button.js";
import { Fish } from "player/fish.js";

export   class Main{
  constructor(){
```

```
        this.canvas = wx.createCanvas();
        this.ctx = this.canvas.getContext("2d")
        //放到 databus
        databus.canvas = this.canvas;
        databus.ctx = this.ctx;
        this.init()
    }
    //初始化函数
    init() {
        this.bg = new Seabed()
        this.sealevel = new Sealevel()
        this.button = new Button()
        this.fish = new Fish()
        //设置游戏状态为 true 开始
        databus.gameStatus = true;
        //注册事件监听
        this.registerEvent()
        this.updateGame()
    }
    updateGame(){
        if(databus.gameStatus){
            databus.ctx.clearRect(0, 0, databus.canvas.width, databus.canvas.height)
            this.bg.render()
            this.sealevel.render();
            this.fish.render()
            //requestAnimationFrame 递归调用 updategame 刷新页面
            let timer = requestAnimationFrame(() => this.updategame());
            databus.timer = timer;
        }else{
            console.log('游戏结束');
            databus.gameStatus = false;
            this.button.render();
            //结束不断刷新
            cancelAnimationFrame(databus.timer);
            wx.triggerGC();
        }
    }
    //注册事件
    registerEvent() {
        //触摸开始
        wx.onTouchStart(() => {
            //true 表示游戏开始，false 表示游戏结束
            if (!databus.gameStatus) {
                console.log('游戏开始');
                databus.gameStatus = true;
```

```
        this.init()
    }else{
        this.fish.y = this.fish.newy;
        //清除时间为 0
        this.fish.time = 0;
    }
    console.log(databus.gameStatus)
    });
    }
}
```

在上面的代码中，通过 requestAnimationFrame 函数递归调用 updateGame 刷新函数，在函数内，首先判断游戏状态是否为 true，如果为 true，说明游戏在进行中，那么绘制海底背景、海底底面和小鱼，否则游戏是结束状态，绘制开始按钮。在 registerEvent 函数中注册事件监听，通过单击页面改变游戏的运行状态。效果演示如图 7.14 所示。

7.5.3 添加渔网

小鱼在游动的时候会穿过上下两个渔网。原理和海底类似，并没有真正改变小鱼的横坐标，使小鱼从左向右游动，而是让渔网从右向左移动，这样看起来就是小鱼穿过了渔网。

在 runtime 目录下新建 obstacle.js 文件，编写渔网障碍物类，代码如下。

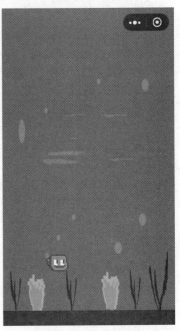

图7.14　效果演示

```
import { DataBus } from "../databus.js";
let databus = new DataBus()
const Obstacle_WIDTH = 84
const Obstacle_HEIGHT = 406
//定义障碍
export class Obstacle {
    constructor(top, src, imgtype) {
        this.x = databus.canvas.width;
        this.y = 0;
        this.img = wx.createImage()
        this.img.src = src
        this.w = Obstacle_WIDTH;
        this.h = Obstacle_HEIGHT;
        this.top = top;
        this.imgtype = imgtype;
        this.moveSpeed = 2;//渔网的移动速度
    }
    //绘制障碍
    render() {
```

```
if (this.imgtype == "up") {
    this.y = this.top - this.h;
}
else {
    let gap = databus.canvas.height / 5;
    this.y = this.top + gap
}
this.x = this.x - this.moveSpeed;
databus.ctx.drawImage(this.img, 0, 0, this.w, this.h, this.x, this.y, this.w, this.h)
}
}
```

由于小鱼在游动过程中会遇到渔网，而且渔网是成对出现的，因此定义生成渔网的工厂函数，代码如下。

```
//生成障碍物
createObstacle() {
    //控制高度的上限
    const minTop = databus.canvas.height / 5; //最低高度屏幕的 1/5
    const maxTop = databus.canvas.height / 2;//最高的高度为屏幕高度的 1/2
    //得到随机数
    const top = minTop + Math.random() * (maxTop - minTop);
    databus.obstaclelist.push(new Obstacle(top, "images/pi_up.png", "up"))
    databus.obstaclelist.push(new Obstacle(top, "images/pi_down.png", "down"))
}
```

把新产生的渔网保存在 obstaclelist 数组中，然后在更新函数中遍历数组，渲染出渔网，代码如下。

```
databus.obstaclelist.forEach(function (value) {
    value.render()
});
```

如果渔网移出了屏幕左边缘，则把渔网从数组中移除，这样，在下一次进入更新函数时，就不会把移除的渔网渲染出来了，代码如下。

```
if(obs.x + obs.img.width <= 0 && databus.obstaclelist.length === 4) {
    databus.obstaclelist.shift();
    databus.obstaclelist.shift();
    this.score.isScore = true;
}
```

如果渔网经过了屏幕中心，这是增加新的渔网，代码如下。

```
//如果第一个渔网的 x 坐标小于画布宽度减去第一组渔网宽度除以 2
let obs = databus.obstaclelist[0];
if(obs.x <= (databus.canvas.width - obs.img.width)/2 &&databus.obstaclelist.length === 2){
    //创建渔网
    this.createObstacle();
}
```

页面显示效果如图 7.15 所示。

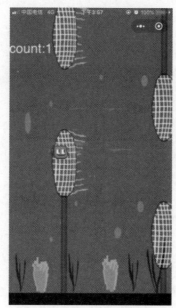

图7.15　增加渔网

7.5.4　碰撞检测

现在已经可以看到小鱼在海中自由遨游了，但是仅如此是不行的，因为没有结束条件，游戏会一直进行下去。

在这款游戏中，以小鱼和地面以及渔网发生碰撞为结束条件，也就是一旦小鱼掉落到底面或者碰到了渔网，则游戏结束。

碰撞检测如图 7.16 所示。在 2D 游戏中，所有显示的图像一般都是一个矩形，所以只需要判断两个矩形是否重合，就可以知道是否发生碰撞。

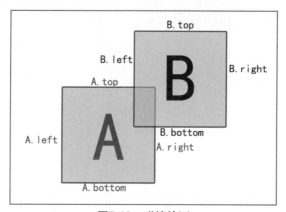

图7.16　碰撞检测

在图 7.16 中，如果 A.right > B.left、A.left< B.right，并且 A.bottom > B.top、A.top < B.bottom，那么 A、B 两个物体就发生了碰撞。

根据上面的原理，实现碰撞检测函数，代码如下。

```
isCheck(fish, obstacle) {
    let s = false;
```

```
    if(fish.right > obstacle.left &&
        fish.left< obstacle.right &&
        fish.bottom > obstacle.top &&
        fish.top < obstacle.bottom ){
        s = true;
    }
    return s;
}
```

求得小鱼的边框模型，代码如下。

```
const fishBorder = {
    top: this.fish.y,
    bottom: this.fish.y + this.fish.h,
    left: this.fish.x,
    right: this.fish.x + this.fish.w
};
```

然后遍历渔网数组，求得渔网的边框模型，调用碰撞检测函数，检测是否发生了碰撞，代码如下。

```
for (let i = 0; i < databus.obstaclelist.length; i++) {
    //创建障碍物边框模型
    const obstacle = databus.obstaclelist[i];
    const obstacleBorder = {
        top: obstacle.y,
        bottom: obstacle.y + obstacle.h,
        left: obstacle.x,
        right: obstacle.x + obstacle.w
    };

    if (this.isCheck(fishBorder, obstacleBorder)) {
        console.log('抓到鱼');
        databus.gameStatus = false;
        return;
    }
}
```

小鱼和底面的碰撞检测比较简单，判断小鱼的高度是否小于底面即可，代码如下。

```
if (this.fish.newy + this.fish.h >=
databus.canvas.height -this.sealevel.h) {
    console.log('撞击地板啦');
    databus.gameStatus = false; //设置游戏状态，停止游戏
    return;
}
```

7.5.5 添加分数

一款好的游戏要使用户及时得到反馈，如果玩家控制的小鱼穿过了渔网障碍，则马上给玩家加一分，这样才能激励玩家继续玩下去。

在 player 目录下新建 score.js，实现分数类，代码如下。

```
import { DataBus } from "../databus.js";
let databus = new DataBus()
//定义分数
export class Score {
  constructor() {
    this.scoreNumber=0;
    this.isScore = true;
    // this.render()
  }
  //绘制分数
  render() {
    databus.ctx.font = '30px 华文彩云';
    databus.ctx.fillStyle = '#fff';
    databus.ctx.fillText("得分:" + this.scoreNumber, 5, 50, 200);
  }
}
```

当小鱼穿过渔网时，分数加一，代码如下。

```
let obs = databus.obstaclelist[0]
if (this.fish.x > obs.x + obs.img.width && this.score.isScore) {
  this.score.isScore = false;
  this.score.scoreNumber++;
}
```

在更新函数中调用分数的 render 函数，在页面上渲染出分数，结果如图 7.17 所示。

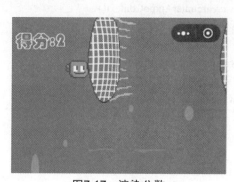

图7.17 渲染分数

7.5.6 结束和重新开始

当小鱼碰到地面或者渔网时，游戏结束。游戏状态 gameStatus 设置为 false，在更新函数中，根据 gameStatus 判断游戏是否在进行中，如果为 false，说明游戏结束，这时显示开始按钮，重置游戏，代码如下。

```
databus.gameStatus = false;
this.Button.render();
databus.reset()
//结束不断刷新
```

//取消一个先前通过调用 requestAnimationFrame()方法添加到计划中的动画帧请求
cancelAnimationFrame(databus.timer);
//触发垃圾回收机制
wx.triggerGC();
游戏结束如图 7.18 所示。

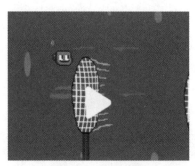

图7.18　游戏结束

7.5.7　添加音效

音效也是游戏必不可少的元素。音效一般可以分为背景音乐和触发音效。背景音乐会贯穿整个游戏过程，而触发音效是某些事件触发了音效，如玩家单击按钮的音效、打击怪物音效、炸弹爆炸音效等。

下面就来实现音效类，代码如下。

```
export    class Music {
    constructor() {
        this.bgmAudio = wx.createInnerAudioContext()
        this.bgmAudio.loop = true
        this.bgmAudio.src = 'audios/bgm.mp3'
        this.shootAudio = wx.createInnerAudioContext()
        this.shootAudio.src = 'audios/bullet.mp3'
        this.boomAudio = wx.createInnerAudioContext()
        this.boomAudio.src = 'audios/boom.mp3'
    }
    playBgm() {
        this.bgmAudio.play()
    }
    playShoot() {
        this.shootAudio.currentTime = 0
        this.shootAudio.play()
    }
    playExplosion() {
        this.boomAudio.currentTime = 0
        this.boomAudio.play()
    }
}
```

微信小游戏发布

代码开发完成，测试没有问题之后就可以发布了。只有发布后，其他人才可以通过微信的游戏入口搜索到你的小游戏。

7.6.1 上传代码

使用开发者工具把代码上传到公众平台，登录微信公众平台微信小程序，进入开发管理，可以看到上传的开发版本。

7.6.2 提交审核

小游戏是一种特殊的微信小程序，还需要以下这些资料才能通过审核：

➢ 非个人主体需提交：《广电总局版号批文》《计算机软件著作权登记证书》《游戏自审自查报告》。

➢ 个人主体需提交：《计算机软件著作权登记证书》《游戏自审自查报告》。

如图 7.19 所示为提交审核资料界面。

图7.19 提交审核资料界面

提交审核完成后，在开发管理页中的审核版本模块可以看到审核进度，如图 7.20 所示。

图7.20 审核进度

代码审核通过后，手动单击发布，小游戏就正式发布到线上了。

→ 本章作业

1. 选择题

（1）小游戏项目的根目录下必须有的文件是（   ）。

    A. js 为存放 js 代码的目录。

    B. audio 为存放音频的目录。

    C. game.json 为小游戏配置文件。

    D. project.config.json 为项目配置文件。

（2）关于 fillText() 方法参数的描述，错误的是（   ）。

    A. text 为 String 类型，要绘制的文本内容。

    B. x 为 Number 类型，文本距离左上角的 x 坐标位置。

    C. y 为 Number 类型，文本距离左上角的 y 坐标位置。

    D. Max-width 为 Number 类型，需要绘制的最大宽度。

（3）关于 game.json 配置，下面说法错误的是（   ）。

    A. deviceOrientation 为支持的屏幕方向，portrait 为竖屏，landscape 为横屏。

    B. showStatusBar 为是否显示状态栏。

    C. worker 为多线程 Worker 配置项，详细请参考 Worker 文档。

    D. permission 小游戏接口权限相关设置。

（4）小游戏提供了 4 个监听触摸事件的 API，下列说法错误的是（   ）。

    A. wx.onTouchStart()：监听开始触摸事件。

    B. wx.onTouchMove()：监听触点移动事件。

    C. wx.onTouchEnd()：监听触摸结束事件。

    D. wx.onCancel()：监听触点失效事件。

2. 简答题

（1）简单完成绘制图像的代码。

（2）简述小游戏中实现动画的原理。

作业答案

第 8 章

使用 Cocos Creator 开发
微信小游戏

本章技能目标

➤ 学会使用 Cocos Creator 编辑器。
➤ 掌握 Cocos2D 常用 API。
➤ 掌握使用 Cocos Creator 发布微信小游戏。

本章知识梳理

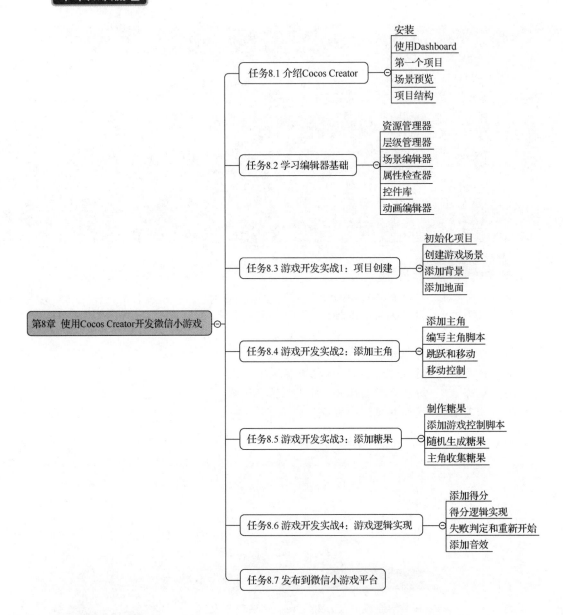

本章简介

　　第 7 章学习了如何开发微信小游戏。如果真正要开发商业项目,往往会使用一些第三方的开发框架、引擎等提高开发效率。目前市面有很多流程的 2D 游戏开发引擎,如 Egret(白鹭)、layabox、Cocos 2D,都对微信小游戏做了很好的适配和支持。Cocos 2D 是国内比较早的做 2D 游戏的开发引擎,其最新的 Cocos Creator 提供了组件式开发,有着类似 Unity 3D 的开发体验。本章将学习如何使用 Cocos Creator 开发微信小游戏。

预习作业

（1）如何修改节点的宽度？有几种方式？

（2）如何在手机上运行游戏预览？

（3）如何发布微信小游戏？

任务 8.1　介绍 Cocos Creator

　　Cocos Creator 是一款 2D 游戏开发工具，内置了 Cocos 2D 游戏引擎，包含从设计、开发、预览、调试到发布的整个工作流所需的全部功能。使用 Cocos Creator 开发的游戏可以发布到 Web、iOS、Android 以及各类"小游戏"、PC 客户端等平台，真正实现一次开发，全平台运行。

8.1.1　安装

安装Cocos
Creator

　　安装 Cocos Creator 可以去 Cocos 官网下载系统对应的安装包。扫描二维码，查看详细的安装步骤。本书中，Cocos Creator 版本为 v2.0.7。

　　安装成功之后，找到安装目录下的 CocosCreator.exe 文件，双击启动 Cocos Creator。为了便于使用，可以为 CocosCreator.exe 启动文件创建快捷方式并存放到桌面。

　　Cocos Creator 第一次启动时，进入 Cocos 开发者账号的登录界面，如果之前没有 Cocos 开发者账号，则可以使用登录界面中的注册按钮前往 Cocos 开发者中心进行注册，如图 8.1 所示。

图8.1　登录界面

　　注册完成后，回到 Cocos Creator 登录界面就完成登录了，除了手动登出或登录信息过期，其他情况下都会在本地用 session 保存登录信息，下次启动时就会自动登录。验证身份后，进入 Dashboard 界面，如图 8.2 所示。

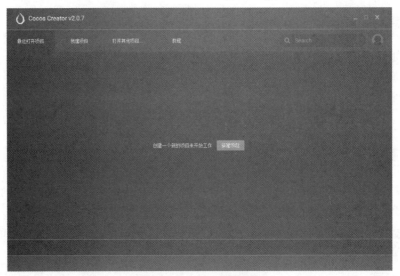

图8.2 Dashboard界面

8.1.2 使用 Dashboard

登录成功后，就会进入 Dashboard 界面，该界面中包括以下几个选项卡。

➢ 最近打开项目：列出最近打开项目，第一次运行 Cocos Creator 时，这个列表是空的，会提示新建项目的按钮。

➢ 新建项目：选择这个选项卡，会进入 Cocos Creator 新项目创建的指引界面。

➢ 打开其他项目：如果要打开的项目没有在最近打开的列表里，可以单击这个按钮浏览和选择要打开的项目。

➢ 教程：帮助信息，包含各种新手指引信息和文档的静态页面。

单击"新建项目"按钮，进入新项目创建的指引界面，如图 8.3 所示。选择一个项目模板，项目模板中会包括各种不同类型的游戏基本架构以及学习用的范例资源和脚本。

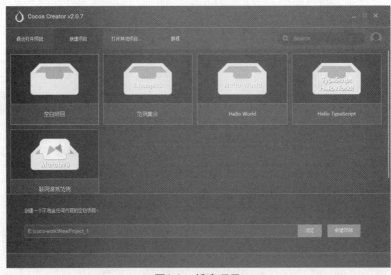

图8.3 新建项目

8
Chapter

8.1.3　第一个项目

选择 Hello World 模板，在下方的输入框中输入项目存放目录和项目名称，也可以单击"浏览"按钮，打开"浏览路径"对话框，在本地文件系统中选择一个位置存放新建项目。最后单击"新建项目"按钮完成项目创建，之后 Dashboard 界面会自动关闭，然后新创建的项目会在 Cocos Creator 编辑器主窗口中打开，如图 8.4 所示。

图8.4　编辑器界面

双击游戏场景中的 Label 文字，在右侧的属性检查器中找到 Label 组件，将 String 属性里的文本改为 Hello guys！，如图 8.5 所示。

图8.5　修改Label组件文本

同时，可以在游戏场景中看到文字也变成了 Hello guys！。

8.1.4　场景预览

在开发过程中，经常要查看游戏运行效果。编辑器正上方有一个预览按钮，如图 8.6 所示。

图8.6　预览游戏

单击"预览"按钮，编辑器会自动打开默认浏览器运行当前的场景，如图 8.7 所示。

图8.7　场景预览

也可以在手机上预览效果，从预览按钮右侧可以看到编辑器自动启动了一个服务，IP 地址为 192.168.9.125:7456，光标放到 IP 地址上会弹出二维码，如图 8.8 所示。当计算机和手机在同一个局域网内时，手机扫描该二维码即可预览游戏。

图8.8　手机扫码预览

8.1.5　项目结构

一个新创建好的项目主要包括以下结构，如图 8.9 所示。

图8.9　项目目录结构

下面对各个文件夹的作用进行说明。

➢　assets：资源文件夹，用来放置游戏中的所有本地资源、脚本和第三方库文件。只有在 assets 目录下的内容，才能显示在资源管理器中。assets 中的每个文件在导入项目后都会生成一个相同名字的.meta 文件，用于存储该文件作为资源导入后的信息和与其他资源的关联。

➢　library：资源库，是将 assets 中的资源导入后生成的，不需要进入版本控制。当 library 丢失或损坏的时候，只要删除整个 library 文件夹再打开项目，就会重新生成资源库。

➢　local：本地设置，包含该项目的本地设置，包括编辑器面板布局、窗口大小、位置等信息。

➢　packages：项目文件夹，包含项目扩展插件所在目录，该目录的插件仅对当前项目有效。

➢　settings：项目设置，保存项目相关的设置，如构建发布菜单里的包名、场景和平台选择等。这些设置需要和项目一起进行版本控制。

➢　temp：临时文件夹，包含被 Cocos Creator 打开时在本地产生的临时文件。开发者不需要此文件夹。在项目被打开时引擎会自动创建此文件夹，其通常不需要进入版本控制过程。

➢　project.json：project.json 文件和 assets 文件夹一起，作为验证 Cocos Creator 项目合法性的标志。只有包括这两个内容的文件夹，才能作为 Cocos Creator 项目打开。

对于开发者来说，最需要关心的是 assets 文件夹，里面保存了游戏中需要的本地文件。从编辑器资源管理器面板中可以看到 assets 里的文件内容，如图 8.10 所示。

图8.10　assets资源文件夹

assets 文件夹里有 3 个文件：

➢ Scene 文件夹里保存的是场景文件。

➢ Script 文件夹里保存的是脚本文件，支持 JavaScript 和 TypeScript。

➢ Texture 文件夹里保存的是图片素材。

开发者也可能根据自己的需要创建其他目录，如保存音乐的 audio、保存动画文件的 ani 等。

任务 8.2　学习编辑器基础

Cocos Creator 编辑器的各个功能模块划分非常清晰直观，主要有资源管理器、层级管理器、场景编辑器、属性检查器、控件库和动画编辑器 6 个模块，如图 8.11 所示。

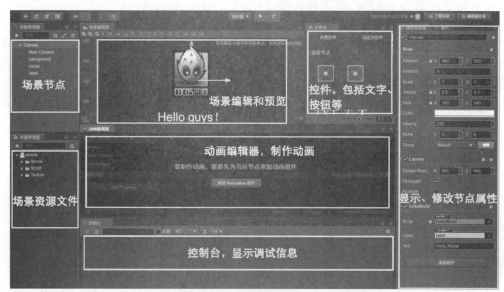

图8.11　编辑器模块划分

下面详细讲解各个模块的作用和用法。

8.2.1　资源管理器

资源管理器将项目资源文件夹中的内容以树状结构展示出来。注意，只有在项目文件夹的 assets 目录下的资源才会显示在这里，如图 8.12 所示。

图8.12　资源管理器

> 左上角的"加号"按钮是创建按钮,用来创建新资源。可以创建文件夹、脚本文件、场景文件、动画文件、自动图集配置和艺术数字配置文件。

> 搜索框可用来搜索过滤文件名,包含特定文本的资源。

> 右上角的搜索按钮用来选择搜索的资源类型。

> 面板主体是资源文件夹的资源列表,可以在这里用右键菜单或拖拽操作对资源进行增、删、改操作。

8.2.2　层级管理器

层级管理器中包括当前打开场景中的所有节点,不管节点是否包括可见的图像,都可以在这里选择、创建和删除节点,也可以通过拖曳一个节点到另一个节点上建立节点父子关系。

单击选中节点,被选中的节点会以蓝底色高亮显示。当前选中的节点会在场景编辑器中显示蓝色边框,并且在属性检查器中显示对应的节点属性,如图 8.13 所示。

图8.13　层级管理器

> 左上角的"加号"按钮是创建按钮,用来创建节点。可以创建空节点、渲染节点和 UI 节点。除了空节点,这些节点类型都可以在控件库中找到。

> 也可以在节点列表中选中某个节点右击创建节点,这样新建的节点就属于这个节点的子节点。

> 在节点列表中将 A 节点拖动到 B 节点上,就使得 A 节点成为 B 节点的子节点。

> 节点在列表中的排序决定了节点在场景中的显示次序,通过拖曳节点上下移动,

可以更改节点在列表中的顺序。在下方的节点是在上方节点之后绘制的,因此,越往下的节点显示越靠前。

8.2.3 场景编辑器

场景编辑器是内容创作的核心工作区域,通常在这里选择和摆放场景图像、角色、特效、UI 等各类游戏元素。在这个工作区域里,可以选中并通过变换工具修改节点的位置、旋转、缩放、尺寸等属性,并可以获得所见即所得的场景效果预览,如图 8.14 所示。

图8.14 场景编辑器

1.导航

通过以下操作,移动和定位场景编辑器的视图。

➤ 选中场景中的节点。
➤ 鼠标右键拖曳可以拖曳视图。
➤ 滚动鼠标滚轮,以当前鼠标悬停位置为中心缩放视图。

2.对齐和分布

选中场景中的多个节点,会激活场景编辑器中的对齐和分布工具,可以对节点进行对齐和分布操作,如图 8.15 所示。

图8.15 对齐和分布工具

3.变换工具

工具栏上有 4 个变换工具,分别是移动、旋转、缩放和矩形变换,如图 8.16 所示。

图8.16 变换工具

➢　移动变换工具，编辑器打开时默认的变换工具。单击"变换工具"按钮（图 8.16 中的第一个按钮）或者单击快捷键 W 激活移动变换。在场景中选择节点，选中的节点外层显示蓝色边框以及红色和绿色移动控制手柄，通过手柄可以对节点进行拖动，改变位置坐标，如图 8.17 所示。

图8.17　移动变换工具

➢　旋转变换工具，单击图 8.16 中的第二个按钮或者使用快捷键 E 切换到旋转变换工具。使用旋转变换工具可以对节点进行旋转操作，如图 8.18 所示。

图8.18　旋转变换工具

➢　缩放变换工具，单击图 8.16 中的第三个按钮或者使用快捷键 R 切换到缩放变换工具。使用缩放变换工具可以对节点进行宽、高的缩放操作，如图 8.19 所示。

图8.19　缩放变换工具

➤ 矩形变换工具，单击图 8.16 中的第四个按钮或者使用快捷键 T 切换到矩形变换工具。拖曳控制手柄的任一顶点，可以在保持对角顶点位置不变的情况下，同时修改节点尺寸中的 width 和 height 属性。拖曳控制手柄的任一边，可以在保持对边位置不变的情况下修改节点尺寸中的 width 或 height 属性，如图 8.20 所示。

图8.20　矩形变换工具

8.2.4　属性检查器

属性检查器用于查看并编辑当前选中节点和组件属性的工作区域。在场景编辑器或层级管理器中选中节点，就会在属性检查器中显示该节点的属性和节点上所有组件的属性，如图 8.21 所示。

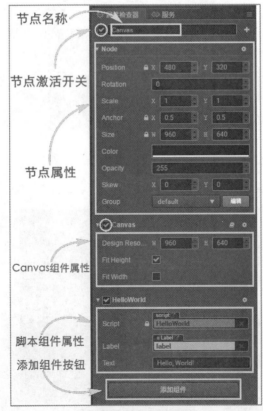

图8.21　属性检查器

➢ 节点属性：节点属性面板可以修改节点的位置（Position）、旋转（Rotation）、缩放（Scale）、尺寸（Size）、锚点（Anchor）、颜色（Color）、不透明度（Opacity）、倾角（Skew）等。

➢ 每个节点上都可以挂载多个组件，不同的组件有不同的属性可以设置。脚本组件的属性是在脚本中声明的。例如，图 8.21 的脚本组件中有 Label 和 Text 两个属性，在资源管理器中单击 Script 文件夹下的 HelloWorld.js，然后在属性检查器中可以看到脚本中属性的定义，如图 8.22 所示。

```
properties: {
    label: {
        default: null,
        type: cc.Label
    },
    text: 'Hello, World!'
},
```

图8.22　脚本中定义的属性

➢ 属性的类型分为值类型和引用类型。值类型包括数字、字符串、布尔值、向量、颜色等。图 8.21 中的 Text 属性就是值类型，它的值是一个字符串类型的值。引用类型比较复杂，包括节点、组件和资源等。图 8.21 中的 Label 属性就是引用类型，其值是场景中的 Label 节点。给 Label 赋值只从层级管理器中拖动节点到属性上即可，如图 8.23 所示。

图8.23　给引用类型属性赋值

说明

节点和组件的概念：在 Cocos Creator 中，场景中显示的元素是节点，可以给节点添加各种组件赋予组件功能。例如，给节点添加 Label 组件显示文字，添加 Sprite 组件显示图像，添加 AudioSource 组件播放音频，添加脚本组件实现逻辑控制等。

8.2.5 控件库

控件库是一个非常简单直接的可视化控件仓库，如图 8.24 所示。控件库有内置控件和自定义控件。内置控件中的控件分为两类。

➢ 渲染节点：包括单色精灵（Sprite Splash）、精灵图（Sprite）、文本节点（Label）、富文本节点（Rich Text）、粒子系统（Particle System）和瓦片地图（Tiled Map）。

➢ UI：包括画布（Canvas）、按钮（Button）、布局容器（Layout）、滚动视图容器（ScrollView）、页面视图容器（PageView）、进度条（Progress）、文本输入框（EditBox）、滑动器（Slider）、切换组件（Toggle）、切换组件组容器（Toggle Container）、视频播放器（Vidco Player）和网络视图组件（Web View）。

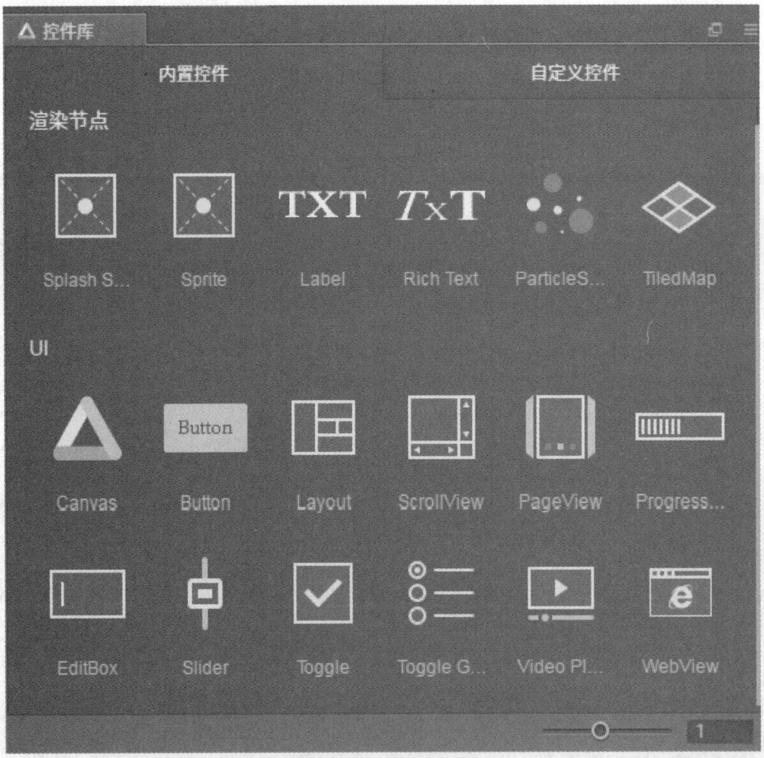

图8.24 控件库

8.2.6 动画编辑器

动画编辑器用于制作动画。当需要制作动画时，首先需为当前节点添加动画组件，然后即可在动画编辑器中编辑制作动画。

任务 8.3　游戏开发实战 1：项目创建

学习了前面的基础知识之后，下面制作一款叫"跳跳猫"的小游戏，如图 8.25 所示。在这款游戏中，玩家要控制小猫跳跃，去捕捉不断出现的糖果。小猫笨拙的反应使游戏有一定的难度，发布到微信小游戏平台上，可以和好友比拼，看谁的小猫捕捉的糖果更多。下面开始开发这款小游戏。

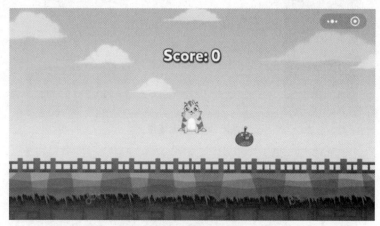

图8.25　游戏预览

8.3.1　初始化项目

本书已经准备好了游戏中需要的全部素材，扫描二维码下载。

启动 Cocos Creator 编辑器，在 Dashboard 界面选择打开其他项目，在弹出的文件夹选择对话框中选中下载并解压完成的 start_project，单击"打开"按钮，Cocos Creator 编辑器主窗口打开。

下载初始
项目包

8.3.2　创建游戏场景

在 Cocos Creator 中，游戏场景（Scene）是开发时组织游戏内容的中心，也是呈现给玩家所有游戏内容的载体。

当玩家运行游戏时，会载入游戏场景，游戏场景加载后就会自动运行包含组件的游戏脚本，实现各种各样开发者设置的逻辑功能。所以，除资源以外，游戏场景是一切内容创作的基础。接下来就来新建一个场景。

（1）在资源管理器空白处右击，新建文件夹 scene。

（2）选中 scene 文件夹右击，新建场景 Scene，命名为 game，如图 8.26 所示。

（3）双击 game，会在场景编辑器和层级管理器中打开这个场景。

打开场景后，层级管理器中会显示当前场景中的所有节点和它们的层级关系。刚刚新建的场景中只有一个名叫 Canvas 的节点，Canvas 被称为画布节点或渲染根节点，单击选中 Canvas，可以在属性检查器中看到它的属性，如图 8.27 所示。

图8.26　新建场景

图8.27　Canvas节点属性

这里的 Design Resolution 属性规定了游戏的设计分辨率，Fit Height 和 Fit Width 规定了在不同尺寸的屏幕上运行时如何缩放 Canvas，以适配不同的分辨率。

由于提供了多分辨率适配的功能，一般会将场景中的所有负责图像显示的节点都放在 Canvas 下面。这样，当作为父节点的 Canvas 的 scale（缩放）属性改变时，所有作为其子节点的图像也会跟着一起缩放，以适应不同屏幕的大小。

8.3.3　添加背景

首先，在资源管理器里按照 assets/textures/background 的路径找到背景图像资源，单击并拖曳这个资源到层级管理器中的 Canvas 节点上，直到 Canvas 节点显示橙色高亮，表示将会添加一个以 background 为贴图资源的子节点，如图 8.28 所示。

图8.28　添加背景图

选中背景图，在属性检查器中修改背景图大小，宽度为 1280，高度为 700，如图 8.29 所示。

图8.29　背景图大小

8.3.4　添加地面

小猫需要有一个跳跃的地面，和添加背景图类似，找到资源管理器下的 assets/textures/ground，拖动到层级管理器的 Canvas 上。拖动调整 ground 的顺序，使 ground 在最下层。这样，在场景编辑器中，地面就会显示在最前面了。在场景编辑器中使用移动工具调整地面的位置，如图 8.30 所示。

图8.30　调整地面位置

任务 8.4　游戏开发实战 2：添加主角

8.4.1　添加主角

下面添加主角跳跳猫到场景中。从资源管理器 assets/textures 目录下找到 kitty 拖到层级管理器中 Canvas 的下面，并确保它的排序在 ground 下。这样，主角会显示在最前面。注意，kitty 节点也是 Canvas 的子节点。然后对主角进行一些设置，选中 kitty 节点，在属性检查器面板中：

> 修改 kitty 的 size 属性，w 为 90，h 为 100。

> 小猫是以脚为起始位置跳跃的，默认状态下，节点的锚点会在节点的中心位置，需要修改锚点到小猫的脚下。找到 Anchor 属性，把其中的 y 值设为 0。

> 使用移动工具拖动小猫，使其位置在地面上。

小猫的属性如图 8.31 所示，在场景编辑器中的效果如图 8.32 所示。

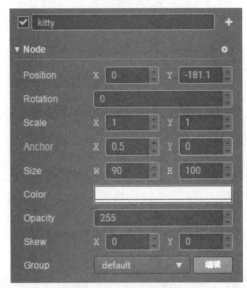

图8.31　kitty节点属性

图8.32　主角效果

8.4.2　编写主角脚本

现在基本的游戏场景已经搭建起来了，主角小猫也添加到场景中了。要让场景"活"了，小猫能跳跃，还需要编写脚本，才能实现。

在资源管理器 assets 目录下新建 script 目录，在 script 下新建 JavaScript 脚本，命名为 Player。双击脚本，打开代码编辑器。

 注意

> Cocos Creator 中脚本名称就是组件的名称，这个命名是大小写敏感的！如果组件名称的大小写不正确，将无法正确通过名称使用组件！

打开的 Player 脚本里已经有预先设置好的一些代码块，如下所示。

```
cc.Class({
    extends: cc.Component,
    properties: {
        // foo: {
        //     default: null,      // 只有当组件作为节点触发时默认值才会被使用
        //     type: cc.SpriteFrame,
        //     serializable: true,
        // },
        // bar: {
        //     get () {
        //         return this._bar;
        //     },
        //     set (value) {
        //         this._bar = value;
        //     }
        // },
    },
    // 生命周期回调
    // onLoad () {},
    start () {
    },
    // update (dt) {},
});
```

首先可以看到一个全局的 cc.Class()方法，这个方法用于声明 Cocos Creator 中的类。Class()方法的参数是一个原型对象，在原型对象中以键值对的形式设定所需的类型参数，就能创建出需要的类。

➢ extends 属性的值是 cc.Component，表明当前脚本是一个组件。

➢ 脚本中的所有属性都定义在 properties 里，如 foo 属性，默认值是 null，类型是 cc.SpriteFrame，serializable 为 true，表示可以序列化。

➢ start 是组件的生命周期函数，会在组件第一次激活前，也就是第一次执行 update 之前触发。start 通常用于初始化一些中间状态的数据。

➢ update 函数会在每一帧渲染前调用，用于在渲染前更新物体的行为、状态和方位。

下面给主角小猫添加属性，找到 Player 脚本里的 properties 部分，将其改为以下内容并保存。

```
properties: {
    // 主角跳跃高度
    jumpHeight: 0,
    // 主角跳跃持续时间
    jumpDuration: 0,
    // 最大移动速度
    maxMoveSpeed: 0,
    // 加速度
    accel: 0,
},
```

接下来把 Player 组件添加到主角节点上。在层级管理器中选中 Player 节点，然后在属性检查器中单击"添加组件"按钮，选择添加用户脚本组件-> Player，为主角节点添加 Player 组件，如图 8.33 所示。

图8.33　添加脚本组件

之后在属性检查器中（需要选中 Player 节点）就看到了刚添加的 Player 组件。按照图 8.34 将主角跳跃和移动的相关属性设置好。

图8.34　设置脚本组件属性

8.4.3　跳跃和移动

下面添加一个方法，让主角跳跃起来。在 properties: {...},代码块的下面添加 setJumpAction 的方法，代码如下。

```
setJumpAction: function () {
    // 跳跃上升
    var jumpUp = cc.moveBy(this.jumpDuration, cc.v2(0, this.jumpHeight))
```

```
        .easing(cc.easeCubicActionOut());
    // 下落
    var jumpDown = cc.moveBy(this.jumpDuration, cc.v2(0, -this.jumpHeight))
        .easing(cc.easeCubicActionIn());
    // 不断重复
    return cc.repeatForever(cc.sequence(jumpUp, jumpDown));
}
```

在 Cocos Creator 中，动作包括节点的位移、缩放和旋转。例如，在上面的代码中，moveBy()方法的作用是在规定的时间内移动指定的一段距离，第一个参数是之前定义主角属性中的跳跃时间，第二个参数是一个 Vec2（表示 2D 向量和坐标）类型的对象。

后面还通过链式调用了 easing(cc.easeCubicActionIn())方法，这个方法可以让动作呈现为一种缓慢的运动。

接下来在 onLoad()方法里调用刚添加的 setJumpAction()方法，然后执行 runAction 开始动作，代码如下。

```
onLoad: function () {
    // 初始化跳跃动作
    this.jumpAction = this.setJumpAction();
    this.node.runAction(this.jumpAction);
},
```

onLoad()方法会在场景加载后立刻执行，通常会把初始化相关的操作和逻辑都放在这里。上面代码中将循环跳跃的动作传给了 jumpAction 变量，之后调用这个组件挂载的节点下的 runAction()方法，传入循环跳跃的 Action，从而让节点（主角）一直跳跃。保存脚本，单击编辑器上的"预览"按钮，在浏览器里运行游戏，可以看到主角小猫跳个不停。

8.4.4　移动控制

1．键盘控制

现在小猫还只是原地跳跃，下面给主角添加键盘输入，用 A 和 D 控制它的跳跃方向。在 setJumpAction()方法的下面添加键盘事件响应函数，代码如下。

```
onKeyDown (event) {
    // 当键被按下时设一个标示
    switch(event.keyCode) {
        case cc.macro.KEY.a:
            this.accLeft = true;
            break;
        case cc.macro.KEY.d:
            this.accRight = true;
            break;
    }
},
onKeyUp (event) {
    // 当键被释放时设一个标示
```

```
    switch(event.keyCode) {
        case cc.macro.KEY.a:
            this.accLeft = false;
            break;
        case cc.macro.KEY.d:
            this.accRight = false;
            break;
    }
},
```

然后修改 onLoad()方法，在其中加入向左和向右加速的开关，以及主角当前在水平方向的速度。最后再调用 cc.systemEvent，在场景加载后开始监听键盘输入，代码如下。

```
onLoad: function () {
    // 初始化跳跃动作
    this.jumpAction = this.setJumpAction();
    this.node.runAction(this.jumpAction);
        // 加速度方向开关
        this.accLeft = false;
        this.accRight = false;
        // 主角当前水平方向速度
        this.xSpeed = 0;
        // 初始化键盘输入监听
        cc.systemEvent.on(cc.SystemEvent.EventType.KEY_DOWN, this.onKeyDown, this);
        cc.systemEvent.on(cc.SystemEvent.EventType.KEY_UP, this.onKeyUp, this);
},
onDestroy () {
    // 取消键盘输入监听
    cc.systemEvent.off(cc.SystemEvent.EventType.KEY_DOWN, this.onKeyDown, this);
    cc.systemEvent.off(cc.SystemEvent.EventType.KEY_UP, this.onKeyUp, this);
},
```

最后修改 update()方法的内容，添加加速度、速度和主角当前位置的设置，代码如下。

```
update: function (dt) {
    // 根据当前加速度方向每帧的更新速度
    if (this.accLeft) {
        this.xSpeed -= this.accel * dt;
    } else if (this.accRight) {
        this.xSpeed += this.accel * dt;
    }
    // 限制主角的速度不能超过最大值
    if ( Math.abs(this.xSpeed) > this.maxMoveSpeed ) {
        this.xSpeed = this.maxMoveSpeed * this.xSpeed / Math.abs(this.xSpeed);
    }
    // 根据当前速度更新主角的位置
    this.node.x += this.xSpeed * dt;
},
```

　　update 在场景加载后就会每帧调用一次，一般把需要经常计算或及时更新的逻辑内容放在这里。在游戏中，根据键盘输入获得加速度方向后，就需要每帧在 update 中计算主角的速度和位置。

2.　触摸控制

　　上面的实现是使用键盘控制主角移动，如果要发布到手机上，就不能使用键盘事件了，通常会使用触摸的方式控制游戏角色的动作。

　　打开 Game 脚本，在 onLoad 函数组后添加触摸事件监听代码：

```
let winWidth = this.node.width;
let playerComp = this.player.getComponent('Player')
//添加触摸事件
this.node.on(cc.Node.EventType.TOUCH_START, event =>{
    let touchX = event.getLocationX();
    if(touchX > winWidth/2){
        playerComp.accRight = true;
    }else{
        playerComp.accLeft = true;
    }
}, this);
this.node.on(cc.Node.EventType.TOUCH_END, event =>{
    let touchX = event.getLocationX();
    if(touchX > winWidth/2){
        playerComp.accRight = false;
    }else{
        playerComp.accLeft = false;
    }
}, this);
```

　　使用 this.node.width 获取到屏幕的宽度，在事件回调中获取到触摸的横坐标，然后判断触摸位置是在手机屏幕左边，还是在右边，以此决定小猫的移动方向。

　　保存脚本后，单击预览游戏查看效果。在浏览器打开预览后，单击游戏画面或者使用 A、D 键控制小猫左右跳跃。

任务 8.5　游戏开发实战 3：添加糖果

　　主角现在可以跳来跳去了，还需要给玩家一个目标（不断出现在场景中的糖果），玩家需要引导小猫碰触糖果收集分数。被主角碰到的糖果会消失，然后马上在随机位置重新生成一个。

8.5.1　制作糖果

　　对于需要重复生成的节点，可以将它保存成 Prefab（预制）资源，作为动态生成节点时使用的模板。

　　首先，从资源管理器中拖曳 assets/textures/candy 图片到场景中，然后按照添加 Player 脚本相同的方法，添加名叫 Candy 的 JavaScript 脚本到 assets/scripts/中。

接着双击这个脚本开始编辑，糖果组件只需要一个属性用来规定主角距离糖果多近时就可以完成收集，修改 properties，加入以下代码并保存脚本。

```
properties: {
    // 糖果和主角之间的距离小于这个数值时，就会完成收集
    pickRadius: 0,
},
```

将这个脚本添加到刚创建的 candy 节点上，在层级管理器中选中 candy 节点，然后在属性检查器中单击"添加组件"按钮，选择添加用户脚本组件 -> candy，该脚本便会添加到刚创建的 candy 节点上。然后在属性检查器中把 Pick Radius 属性值设为 60，如图8.35 所示。

图8.35 设置Candy脚本组件属性

至此，Candy Prefab 需要的设置就完成了，现在从层级管理器中将 candy 节点拖曳到资源管理器中的 assets 文件夹下，就生成了名叫 candy 的 Prefab 资源，如图 8.36 所示。

图8.36 生成Prefab

现在可以从场景中删除 candy 节点了，后续可以直接双击这个 candy Prefab 资源进行编辑。

8.5.2 添加游戏控制脚本

糖果的生成是游戏主逻辑的一部分，所以需要添加一个 Game 的脚本作为游戏主逻

辑脚本。

在 assets/scripts 文件夹下添加 Game 脚本后，双击打开脚本。首先添加生成糖果需要的属性，代码如下。

```
properties: {
    // 这个属性引用了糖果预制资源
    starPrefab: {
        default: null,
        type: cc.Prefab
    },
    // 糖果产生后消失时间的随机范围
    maxStarDuration: 0,
    minStarDuration: 0,
    // 地面节点，用于确定糖果生成的高度
    ground: {
        default: null,
        type: cc.Node
    },
    // player 节点，用于获取主角弹跳的高度和控制主角行动开关
    player: {
        default: null,
        type: cc.Node
    }
},
```

保存脚本后，将 Game 组件添加到层级管理器中的 Canvas 节点上，然后从资源管理器中拖曳 candy 的 Prefab 资源到 Game 组件的 Star Prefab 属性中。

接着从层级管理器中拖曳 ground 和 Player 节点到 Canvas 节点 Game 组件中对应名字的属性上，完成节点引用。

最后设置 Min Star Duration 和 Max Star Duration 属性的值为 3 和 5，之后生成糖果时，会在这两个值之间随机取值，如图 8.37 所示。

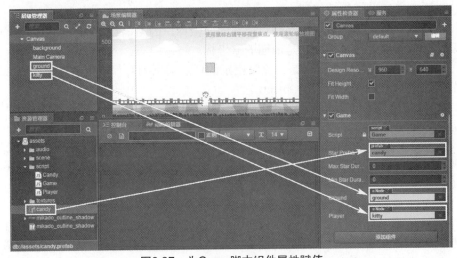

图8.37　为Game脚本组件属性赋值

8.5.3　随机生成糖果

下面继续修改 Game 脚本，在 onLoad()方法后面添加生成糖果的逻辑，代码如下。

```
onLoad: function () {
    // 获取地平面的 y 轴坐标
    this.groundY = this.ground.y + this.ground.height/2;
    // 生成一个新的糖果
    this.spawnNewStar();
},

spawnNewStar: function() {
    // 使用给定的模板在场景中生成一个新节点
    var newStar = cc.instantiate(this.starPrefab);
    // 将新增的节点添加到 Canvas 节点下面
    this.node.addChild(newStar);
    // 为糖果设置一个随机位置
    newStar.setPosition(this.getNewStarPosition());
},

getNewStarPosition: function () {
    var randX = 0;
    // 根据地平面位置和主角跳跃高度，随机得到一个糖果的 y 坐标
    var randY = this.groundY + Math.random() *
    this.player.getComponent('Player').jumpHeight + 50;
    // 根据屏幕宽度，随机得到一个糖果 x 坐标
    var maxX = this.node.width/2;
    randX = (Math.random() - 0.5) * 2 * maxX;
    // 返回糖果坐标
    return cc.v2(randX, randY);
},
```

这里需要注意以下几个问题。

（1）节点下的 y 属性对应的是锚点所在的 y 坐标，因为锚点默认在节点的中心，所以需要加上地面高度的一半，才是地面的 y 坐标。

（2）instantiate()方法的作用是：克隆指定的任意类型的对象，或者从 Prefab 实例化出新节点，返回值为 Node 或者 Object。

（3）Node 下的 addChild()方法的作用是将新节点建立在该节点的下一级，所以新节点的显示效果在该节点之上。

（4）Node 下的 setPosition()方法的作用是设置节点在父节点坐标系中的位置。可以通过两种方式设置坐标点：一是传入两个数值 x 和 y；二是传入 cc.v2(x, y)（类型为 cc.Vec2 的对象）。

（5）通过 Node 下的 getComponent()方法可以得到该节点上挂载的组件引用。

保存脚本后，单击"预览游戏"按钮，在浏览器中可以看到游戏开始后动态生成了一颗糖果，如图 8.38 所示。采用同样的方法，可以在游戏中动态生成任何预先设置好的以 Prefab 为模板的节点。

图8.38　生成糖果效果图

8.5.4　主角收集糖果

接下来要添加主角收集糖果的行为逻辑了，糖果要随时可以获得主角节点的位置，才能判断它们之间的距离是否小于可收集距离。每个糖果都是在 Game 脚本中动态生成的。所以，在 Game 脚本生成 candy 节点实例时，将 Game 组件的实例传入糖果并保存起来就好了，之后可以随时通过 game.player 访问主角节点。打开 Game 脚本，在 spawnNewStar()方法最后面添加 newStar.getComponent('candy').game = this;，代码如下。

```
spawnNewStar: function() {
    // 使用给定的模板在场景中生成一个新节点
    var newStar = cc.instantiate(this.starPrefab);
    // 将新增的节点添加到 Canvas 节点下面
    this.node.addChild(newStar);
    // 为糖果设置一个随机位置
    newStar.setPosition(this.getNewStarPosition());
    newStar.getComponent('candy').game = this;
},
```

保存后打开 Candy 脚本，利用 Game 组件中引用的 player 节点判断距离，在 onLoad()方法后面添加名为 getPlayerDistance()和 onPicked()的方法，代码如下。

```
getPlayerDistance: function () {
    // 根据 player 节点位置判断距离
    var playerPos = this.game.player.getPosition();
    // 根据两点位置计算两点之间的距离
    var dist = this.node.position.sub(playerPos).mag();
    return dist;
},
onPicked: function() {
```

```
        // 当糖果被收集时，调用 Game 脚本中的接口，生成一个新的糖果
        this.game.spawnNewStar();
        // 然后销毁当前糖果节点
        this.node.destroy();
    },
```

节点下的 getPosition()方法返回的是节点在父节点坐标系中的位置（x, y），即一个 Vec2 类型对象。同时，注意调用节点下的 destroy()方法就可以销毁节点。

然后在 update()方法中添加每帧判断距离，如果距离小于 pickRadius 属性规定的收集距离，就执行收集行为，代码如下。

```
update: function (dt) {
    // 每帧判断和主角之间的距离是否小于收集距离
    if (this.getPlayerDistance() < this.pickRadius) {
        // 调用收集行为
        this.onPicked();
        return;
    }
},
```

保存脚本，再次预览测试，通过按 A 和 D 键控制主角左右移动，就可以看到控制主角靠近糖果时，糖果会消失，然后在随机位置生成了新的糖果。

任务 8.6　游戏开发实战 4：游戏逻辑实现

8.6.1　添加得分

小猫咪通过跳跃收集到糖果，把结果显示出来才能使玩家得到实时反馈，鼓励玩家继续游戏。

游戏开始时得分从 0 开始，每收集一个糖果，分数就会加 1。要显示得分，首先要创建一个 Label 节点。在层级管理器中选中 Canvas 节点，右击并选择菜单中的创建新节点→创建渲染节点→Label（文字），一个新的 Label 节点会被创建在 Canvas 节点下面，而且顺序在最下面。接下来用以下步骤配置这个 Label 节点。

➤ 将该节点的名字改为 score。

➤ 将 score 节点的位置（position 属性）设为(0, 180)。

➤ 选中该节点，编辑属性检查器中 Label 组件的 String 属性，填入 Score: 0 的文字。

➤ 将 Label 组件的 Font Size 属性设为 50。

➤ 从资源管理器中拖曳 assets/mikado_outline_shadow 位图字体资源到 Label 组件的 Font 属性中，将文字的字体替换成项目资源中的位图字体。

➤ 注意：Score: 0 的文字建议使用英文冒号，因为 Label 组件的 String 属性加了位图字体后，会无法识别中文的冒号。

完成后的效果如图 8.39 所示。

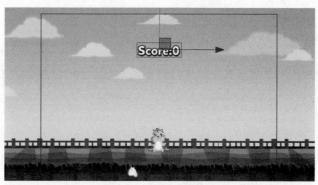

图8.39 添加分数显示

8.6.2 得分逻辑实现

在 Game 脚本里实现计分和更新分数的逻辑，打开 Game 脚本，在 properties 区块的最后添加分数显示 Label 的引用属性，代码如下。

```
properties: {
    // …
    // score label  的引用
    scoreDisplay: {
        default: null,
        type: cc.Label
    }
},
```

接下来在 onLoad()方法里添加计分用的变量的初始化：

```
onLoad: function () {
    // …
    // 初始化计分
    this.score = 0;
},
```

然后在 update()方法后面添加新方法 gainScore()：

```
gainScore: function () {
    this.score += 1;
    // 更新  scoreDisplay Label  的文字
    this.scoreDisplay.string = 'Score: ' + this.score;
},
```

保存 Game 脚本后，回到层级管理器，选中 Canvas 节点，然后把前面添加好的 score 节点拖曳到属性检查器里 Game 组件的 Score Display 属性中。

然后在 Candy 脚本中调用 Game 中的得分逻辑。下面打开 Candy 脚本，在 onPicked() 方法中加入 gainScore 的调用：

```
onPicked: function() {
    // 当糖果被收集时，调用 Game  脚本中的接口，生成一个新的糖果
    this.game.spawnNewStar();
    // 调用 Game  脚本的得分方法
    this.game.gainScore();
```

```
// 销毁当前糖果节点
this.node.destroy();
},
```

保存后预览，可以看到现在收集糖果时屏幕正上方显示的分数会增加，如图8.40所示。

图8.40　分数增加

8.6.3　失败判定和重新开始

现在游戏已经初具规模，但得分再多，不可能失败的游戏也不会给人成就感。接下来加入糖果定时消失的行为，而且让糖果消失时就判定为游戏失败。

打开 Game 脚本，在 onLoad()方法的 spawnNewStar 调用之前加入计时需要的变量声明，代码如下。

```
onLoad: function () {
    // …
    // 初始化计时器
    this.timer = 0;
    this.starDuration = 0;
    // 生成一个新的糖果
    this.spawnNewStar();
    // 初始化计分
    this.score = 0;
},
```

然后在 spawnNewStar()方法最后加入重置计时器的逻辑，其中 this.minStarDuration 和 this.maxStarDuration 是一开始声明的 Game 组件属性，用来规定糖果消失时间的随机范围，代码如下。

```
spawnNewStar: function() {
    // …
    // 重置计时器，根据消失时间范围随机取一个值
    this.starDuration = this.minStarDuration + Math.random() * (this.maxStarDuration - this.minStarDuration);
    this.timer = 0;
},
```

在 update()方法中加入计时器，更新和判断超过时限的逻辑：

```
update: function (dt) {
```

```
// 每帧更新计时器，超过限度还没有生成新的糖果
// 就会调用游戏失败逻辑
if (this.timer > this.starDuration) {
    this.gameOver();
    return;
}
this.timer += dt;
},
```

在 gainScore()方法后面加入 gameOver()方法，游戏失败时重新加载场景。

```
gameOver: function () {
    this.player.stopAllActions(); //停止 player 节点的跳跃动作
    cc.director.loadScene('game');
}
```

最后打开 Candy 脚本，为即将消失的糖果加入简单的视觉提示效果，在 update()方法最后加入以下代码。

```
update: function() {
    // …
    // 根据 Game 脚本中的计时器更新糖果的透明度
    var opacityRatio = 1 - this.game.timer/this.game.starDuration;
    var minOpacity = 50;
    this.node.opacity = minOpacity + Math.floor(opacityRatio * (255 - minOpacity));
}
```

保存 Candy 脚本，游戏玩法逻辑就全部完成了。现在，单击"预览游戏"按钮，就可以在浏览器中试玩了。这已经是一个包含核心玩法、激励机制和失败机制的完整游戏了。

8.6.4　添加音效

1. 跳跃音效

打开 Player 脚本，添加引用声音文件资源的 jumpAudio 属性。

```
properties: {
    // …
    // 跳跃音效资源
    jumpAudio: {
        default: null,
        type: cc.AudioClip
    },
},
```

然后改写 setJumpAction()方法，插入播放音效的回调，并通过添加 playJumpSound()方法播放声音。

```
setJumpAction: function () {
    // 跳跃上升
    var jumpUp = cc.moveBy(this.jumpDuration, cc.v2(0, this.jumpHeight))
    .easing(cc.easeCubicActionOut());
    // 下落
    var jumpDown = cc.moveBy(this.jumpDuration, cc.v2(0, -this.jumpHeight))
```

```
        .easing(cc.easeCubicActionIn());
    // 添加一个回调函数，用于在动作结束时调用定义的其他方法
    var callback = cc.callFunc(this.playJumpSound, this);
    // 不断重复，而且每次完成落地动作后调用回调播放声音
    return cc.repeatForever(cc.sequence(jumpUp, jumpDown, callback));
},
playJumpSound: function () {
    // 调用声音引擎播放声音
    cc.audioEngine.playEffect(this.jumpAudio, false);
},
```

2. 得分音效

打开 Game 脚本，在 properties 中添加一个属性引用声音文件资源。

```
properties: {
    // …
    // 得分音效资源
    scoreAudio: {
        default: null,
        type: cc.AudioClip
    }
},
```

然后在 gainScore()方法里插入播放声音的代码。

```
gainScore: function () {
    this.score += 1;
    // 更新 scoreDisplay Label 的文字
    this.scoreDisplay.string = 'Score: ' + this.score.toString();
    // 播放得分音效
    cc.audioEngine.playEffect(this.scoreAudio, false);
},
```

保存脚本，回到层级管理器，选中 Player 节点，然后从资源管理器里拖曳 assets/audio/jump 资源到 Player 组件的 Jump Audio 属性上。

选中 Canvas 节点，把 assets/audio/score 资源拖曳到 Game 组件的 Score Audio 属性上，如图 8.41 和图 8.42 所示。

图8.41　Game组件属性

图8.42　Player组件属性

任务 8.7　发布到微信小游戏平台

游戏开发完成，需要发布成微信小游戏，才可以在小游戏平台上线。下面是详细的发布步骤。

（1）在编辑器中通过文件→设置→原生开发环境→WechatGame 程序路径设置微信开发者工具路径，设置好后保存并关闭。

（2）在菜单栏中找到项目→构建发布，依次填写游戏名称、发布平台（选择微信小游戏）、发布路径、初始场景、设备方向（横屏/竖屏）、AppID（登录微信公众平台获得），如图 8.43 所示。

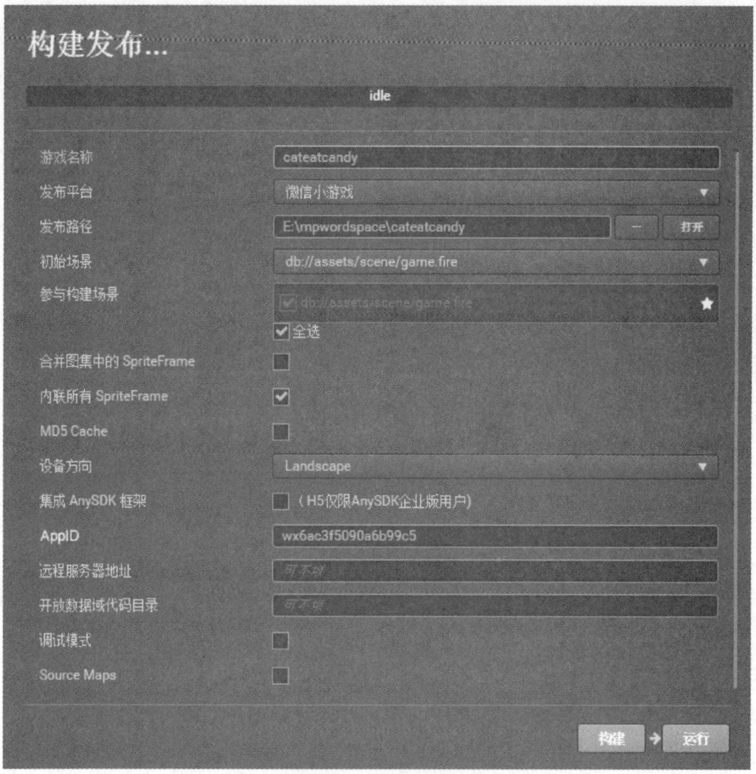

图8.43　构建发布

（3）填写完毕之后，单击"构建"按钮，开始构建微信小游戏项目。

（4）构建完成后，顶部的进度条显示为橙色，进度条上显示 completed，然后单击"运行"按钮，就会启动微信开发者工具并且打开构建好的项目。如果没有启动成功，可以手动启动微信开发者工具，再单击"运行"按钮，就会自动打开构建好的项目。

游戏完整代码

（5）找到构建目录，可以看到生成了 WechatGame，这就是微信小游戏的发布包。